VERS UNE ARCHITECTURE
POUR LA SANTÉ DU VIVANT

安居生活与现代建筑

[法]埃里克·达尼埃尔－拉孔布　著

（Éric Daniel-Lacombe）

杨菁菁　译

华东师范大学出版社

·上海·

华东师范大学出版社六点分社　策划

献给米歇尔·柯南

漫长旅程中的朋友和伙伴

在整条历史长河中，人类的生存环境不断发生变化。但20世纪以来日益加剧的变革要求我们，通过一种能够适应世界各个地区、各个群体具体需求的建筑学，来改变我们的生活方式。然而，前进的道路上存在许多障碍：文化习惯的僵化、住房理念和生产的官僚化、自然变化的不可预测性以及个人在面对全球变革时的无能为力。气候失调引发的自然风险迫使我们不断提高应对各类恶劣天气的防护水平。但随着住房庇护功能的增强，居民发现自己越来越与自然隔绝，被剥夺了相关经历和身体感受，无法批判性地看待安居生活以及人类与非人类之间的关系。而建筑学的更新会逐渐引导一种对风险的集体认识、对人与自然关系转变的多重经验以及新的安居生活方式的产生。这并不是希望以一种新的建筑风格或运动来取代现代主义或后现代主义，也不是倡导某种建筑设计方法，更不是推广生态工程。所有这些革新建筑的尝试都有可取之处，但都没能解决我提出的问题：重建一种建筑理论，并使其成为符合当下需求的艺术形式。

埃里克·达尼埃尔-拉孔布

目　　录

前言　建筑与机遇

伊莎贝尔·托马斯(Isabelle Thomas)

自然灾害,尤其是洪涝灾害,会危及生物健康。它们不仅损害地貌景观、破坏环境平衡,而且在人们心中留下了深深的伤痕。然而,我们也可以将其视为革新与机遇的载体。

关乎未来土地和人口的实践必须应对气候变化发起的挑战,因而埃里克·达尼埃尔-拉孔布提出了一种新的建筑哲学,旨在守卫我们的土地和人口安全。他试图重构建筑学理论,并使其成为一种新艺术,这种方法为什么以及在哪些方面具有典范意义?重新对建筑学进行定位为何如此重要,又需要怎样的勇气?最重要的是,魁北克可以从中汲取哪些经验和教训?

2011 年、2017 年和 2019 年的洪涝灾害对魁北克社区造成了强烈冲击并提供了一个实地样本,促进了在治理、监管以及建筑与城市规划实践等方面的重大变革。包括科蒂库克(Coaticook)、圣让上黎塞留市(Saint-Jean-sur-Richelieu)、魁北克河畔维尼斯市(Venise-en-Québec)、圣玛丽市(Sainte-Marie)、舍布鲁克(Sherbrooke)、圣玛格丽特-杜拉克-马松湖市(Sainte-Marguerite-du-lac-Masson）在内的一些经常受洪水侵袭的城市，借机重新思考了自身的防御措施并对风险文化进行反思，开始由抵御模式向复原模式转变。通过实践观察，我注意到我们用于分析环境脆弱性和复原力的方法还存在缺陷。而"高效、具有强适应力和强复原力的城市，将其行动建立在特定的指标和协作方式的基础上，以应对当地具体情况的挑战，其目的是获得政治和经济参与者、专业人士以及居民的包容性支持"（托马斯和达库哈，《弹性城市：如何建设？》，2017）。

　　与水共生，与自然共存，鼓励社区向"绿色和蓝色"①社区转变并促进生物安全，这些不仅是我领导的 ARIACTION 团队（ARIaction. com），也是我们重要的合作伙伴埃里克·达尼埃尔-拉孔布所秉持的原则。这位关注日常生活的建筑师在其建筑实践中的思考让我相信，这些反思对于在魁北克的土地上，例如在圣雷蒙德市（Saint-Raymond）、勒拉克河畔圣马特市（Sainte-Marthe-sur-le-Lac）、圣安德烈-德阿让特伊市（STADA）和科蒂库克等城市，倡导和实施弹性土地利用规划策略是明智、恰当且必要的。

　　正如他所说，建筑创新需要由建筑师、城市规划师、工程师、水文学家、历史学家、心理学家和医生组成的多学科团队，进行囊括自然科学和社会科学的全景式思考。在此过程中，研究人员需要与当地参与者密切合作，以确保计划的恰当性以及各方在项目中的积极参与。但为了避免纸上谈兵，我们仍需确保计

---

　　①　指"绿植与水源"。——译注

划在不同层面的顺利实施：从建筑施工到社区管理，从市政当局的政策到流域情况的研究。

可建设洪水区弹性项目的成功案例，比如本书中介绍的马特拉项目（le projet Matra），启发了我对该问题的思考，并使我验证了跨学科共同建构的战略方针。然而我注意到，在法国以及其他地区，我们仍然缺乏强有力的补充指标来对复原力（la résilience）进行必要的衡量。通过整合埃里克·达尼埃尔-拉孔布提出的原则和建筑理论，我设计出一套工具（即"Résiliaction"）和一种效益分析方法，或许有望改变世界各地的建筑实践。事实上，我们必须考虑自然环境的生态价值，并将其纳入结构调整、恢复自然、环境修复和植树造林的项目中。

2017 年和 2019 年圣安德烈-德阿让特伊市洪灾发生后，一个名为"制定评估洪灾易发地区复原力的多重标准"的研究项目应时而生。在埃里克的积极参与下，由我领导的这一项目在充分考虑该地区在社会、领土、环境问题以及市政税收方面的脆弱性的基础上，最终制定了适应土地规划的复原力指标，以及评估洪灾易发地区复原力的多重标准。

该项目的成果融合了埃里克·达尼埃尔-拉孔布重视的生物健康、地方知识和科学三大概念，有助于我们在不同范围内就减轻或适应风险、加强土地复原力进行思考。埃里克的加入以及他的理论和实践方法，促进了自然与城市的融合，并在可建设洪水区建立了安全程序。

多重标准的分析方法改变了实地参与者和政府机构的选择。具体表现为，在解决环境问题的方式、相关方的参与以及工具的大胆使用和创造等方面的创新。在大流行病期间这些改变尤为明显。此外,埃里克·达尼埃尔-拉孔布明确指出,一个项目的社会和政治接受度对其实施至关重要。

他向我们阐述的项目,尤其是学校项目,证实了:这种建筑方式通过思考当前及未来所面临的风险,能够改善学童的生活环境并向他们传达新的风险文化原则。这种全新的教学方法建立在关注生物、感知和感受的基础之上。而本书讨论的马特拉项目则是建筑师和罗莫朗坦市长大胆尝试的证明,他们通过这种方法建立了一个具有抗灾功能的区域,让年轻人了解潜在的洪灾风险,同时根据当地生物多样性进行景观设计,为人们提供舒适的生活环境。该项目围绕一个滞留池而建,作为设计核心的滞留池不仅具有储存和管理雨水、河水的功能,还有教育和加强风险意识的作用。以减少排水障碍为目标的水体透明度规划治理更是一项创举,同时也为魁北克提供了学习机会。总之,埃里克·达尼埃尔-拉孔布在本书中介绍的建筑项目对我的实践产生了尤为重要的影响。

埃里克·达尼埃尔-拉孔布将风险文化中的建筑项目作为土地规划转型的核心,让人们围绕城市自身优势来思考城市的重建。他将弱点转化为机遇并鼓励一种强大的复原力文化。此外,振兴高风险地区并将其改造为共享空间,也是革新建筑实践的主要原则之一。为了实现这一目标,魁北克仍需进行大量的准备工作,以及获得市民的支持。最后,确保创新项目能够融入不同的社区和城市模式,其目的在于改善生物健康,保障居民安全。

　　埃里克·达尼埃尔-拉孔布是一位才华横溢的先锋派建筑师,他邀请读者思考与土地规划密切相关的(如果不是本质上的)建筑实践的多种可能性。这部作品以具体案例为基础,有丰富的教学意义,是当下和未来有关从业人员的必读书籍。他让读者们相信:他们手中的这本书是 21 世纪建筑实践的奠基作品之一。

序言　建筑是一项集体创作

　　本书是我围绕建筑实践的漫长探索生涯的结晶。学院课程、友好或互不相让的交流、阅读、走访、辩论，这些长久以来的坚持让我形成了自己的建筑理念并有了想与人探讨的愿望。创造是集体工作赠予我们的礼物。这篇序言是为了向我的赠予者致敬并强调他们对建筑创造这一集体工作的贡献。

　　我有幸遇到过一些项目业主，他们关心居民福祉，以昨日为鉴，对过去的项目进行反思。比如，穆瓦西 - 克拉迈耶市（Mois-sy-Cramayel）市长兼塞纳尔（Sénart）新城镇协会（SAN）主席让 - 雅克·富尼耶（Jean-Jacques Fournier）以及圣日耳曼昂莱市（Saint-Germain-en-Laye）市长米歇尔·佩里卡尔（Michel Péricard）帮助我了解新城镇学校设计的优缺点，并将这些经验应用到圣日耳曼昂莱市的贝莱尔区（Bel Air）新学校的建设中。贝莱尔区的开发商米歇尔·维特里（Michel Vitry）让我有机会运用与建筑科学与技术中心（Centre scientifique et technique du bâtiment）合作开展的关于图书馆、老人住宅和青年住房评估的研究成果。他委托我对圣莫尔-德福塞市(Saint-Maur-des-Fossés)市中心的一处道路黑点进行规划,这处黑点位于火车站和 20 号国道(RN20)之间,不仅噪音大而且容易威胁行人安全。第一副市长让-贝尔纳·托努斯(Jean-Bernard Thonus)和城市发展负责人让-吕克·阿盖拉(Jean-Luc Aguerra)则协助我与设备局(DDE)的工程师们商讨这些基础设施的铺设路线。随后,负责该项目的法国考夫曼-布罗德公司(Kaufman & Broad)主管乔治·罗奇埃塔(Georges Rocchietta)让我与景观设计师贝尔纳·拉絮斯(Bernard Lassus)以及声学专家让-玛丽·拉平(Jean-Marie Rapin)合作,将一个嘈杂喧闹的地区改造成宁静的、让人联想到布里(la Brie)乡村广场的空间。在罗莫朗坦-朗特奈市(Romorantin-Lanthenay),参议院兼市长让尼·罗尔热(Jeanny Lorgeoux)希望将著名的"历史古迹"前马特拉工厂改造成一片全新的区域,但洪灾风险造成了僵局。让尼·罗尔热决定迎难而上。在我与法国建筑师协会(ABF)的让-吕西安·盖农(Jean-Lucien Guenoun)和雅克·德·万努瓦兹(Jacques de Vannoise)合作进行社区建设的漫长探索生涯中,让尼·罗尔热担任我的导师,引导我开始关注历史与自然的纽带。此外我的合作者还有卢瓦尔-谢尔省的副省长帕斯卡尔·西尔伯曼(Pascale Silbermann)、卢瓦尔-谢尔省国土局局长雅克·埃尔宾(Jacques Helpin)、3F 公司负责人兼开发商埃尔韦·勒列夫尔(Hervé Lelièvre)以及阿吉德公司(Aegide)董事长让-玛丽·富尔内(Jean-Marie Fournet)。他们携手打造了法国第一个位于洪灾易发地的住宅区。

阿尔诺·马松（Arnaud Masson）是塞纳河沿岸一块土地的所有者、一名杰出的工程师，同时也是一位真正的当代建筑鉴赏家。他告诉我和贝尔纳·拉絮斯，出于革新洪水区象征性建筑的愿望，他着手打造了"岩石之家"（Maison Rocher）并于2007年获得了塞梅克国际建筑奖（Cemex Building Award）一等奖。建筑美学是我学生时代学习的核心内容。建筑史教授帕特里斯·范霍文（Patrice Verhoeven）在教学过程中总是鼓励学生将绘画和素描进行比较，并在游学时勤加练习速写，这让我在不知不觉中学会在脑海中剖析建筑物的空间结构。在让-路易·露芙安（Jean-Louis Nouvian）的工作室里，我学会了美术体系的经典技法，怎样迅速地选择、缓慢地展开，最重要的是，如何将研究素材扩展至现代建筑的无限变化中。刚从学校毕业时，我就与阿兰·萨尔法蒂（Alain Sarfati）合作参加建筑设计竞赛，他教导我将建筑的经济性纳入选择项目的原则，并在之后不断丰富项目的设计意图。很快，在1985年，他便邀请我加入巴黎塞纳河谷的C工作室（l'atelier C de Paris-Val de Seine），他与米歇尔·柯南（Michel Conan）一同在那里授课。

还有比当老师更好的永远处于学习状态的方法吗？学生们教会了我很多东西，让我明白，批判性地思考建筑问题以及练就运用图像思维的能力是多么困难。后来，在2010年，巴黎-拉维莱特国立高等建筑学院院长盖伊·阿姆塞莱姆（Guy Amsellem）鼓励我让硕士二年级的学生参与"在自然灾害易发地建设城区"的课题。如果说我的工作还算严谨的话，那得归功于百余名学生的品格以及他们对智识的渴望，他们相信我能指导他们获得最终文凭。同时,我的博士论文导师蒂埃里·帕科特(Tierry Paquot)帮助我对自己的工作进行了深入的批判性思考。与同事弗朗西斯·索莱尔(Francis Soler)和贝尔纳·德穆兰(Bernard Desmoulin),以及后来与雷米·比特勒(Remy Butler)的讨论让我确信,有必要对建筑在艺术和学科之间的地位进行反思。菲利普·布东(Philippe Boudon)使我打开了思路,他的作品说服我走上建筑研究的道路,并一直指导着我的实践。

1989 年,建筑与工程部门的负责人达妮埃勒·瓦拉布雷格(Danièle Valabrègue)让我负责培训和监督参与"建设老年住宅实验项目"(Sepia)的建筑师,这个项目以米歇尔·柯南开发的生成方法为主要原则。长久以来,米歇尔·柯南一直是我知识探险旅途中的同伴,他带领我开展了一系列研究项目,让我不得不在截然不同的场所应对建筑设计与日常生活的矛盾,比如大学图书馆、学生公寓、学校、移民工人公寓和青年工人公寓。随后,青年工人公寓联盟(UFJT)主席让-克洛德·杜穆兰(Jean-Claude Dumoulin)委托我代表联盟与所有参与公寓整修的专业人员和有关机构进行谈判。这些公寓位于不同城市,有着不同的环境背景,这导致工作的开展异常艰难。

而专业实践过程中的一些巧合引导我接触到其他研究领域。建筑科学与技术中心的声学工程师让-玛丽·拉平向我介绍了他制定的城市噪音污染处理原则。卢瓦尔-谢尔省国土局的伊莎贝拉·巴茹(Isabelle Bajou)和卢瓦尔中部河谷地区的环境、规划及住房区域局(DREAL)负责人让-皮埃尔·瓦莱特(Jean-Pierre Valette)提醒我要考虑建筑物、道路和花园的相互作用,以及洪

水的高度和流速。伯努瓦·拉孔布拉德（Benoît Lacombrade）和
格勒诺布尔水力研究与应用协会（SOGREAH）的工程师们则使
我意识到，水力科学与实地监管之间存在一个协商和政策选择的
空间。穆然镇（Mougins）消防队和让-马克·博塞利（Jean-Marc
Boselli）队长让我对森林中的风灾和建筑火灾风险有了新的认
识，西里尔·莫利纳里（Cyril Molinari）和国家森林局（ONF）的
其他树木专家使我开始关注森林的健康状况、在大风中的表现以
及在新的建筑工程中的生存条件。他们是最早使我意识到关注
生物健康的重要性的人。而阿兰·加尼耶（Alain Garnier），圣法
尔若市（Saint-Fargeau）技术服务主管以及塞纳-马恩省（Seine-
et-Marne）土壤与动植物研究专家，在我设计穆耶尔学校（école
des Mouillères）时，帮助我走上了这条关注生物健康的道路。贝
尔纳·拉絮斯曾告诫我，建筑不能与景观格格不入，因此必须与
生物相和谐。无论是在圣莫尔、穆然还是"岩石之家"，我们携手
进行艺术创作，鼓励居民们走出家门。随后，米歇尔·柯南介绍
我认识了更多艺术家。比如，吴欣的著作让我认识了美国建筑师
派翠西亚·约翰森（Patricia Johanson）；纽约的景观设计师戴安
娜·巴尔莫里（Diana Balmori）也让我印象深刻，她的城市项目
将洪灾风险区改造为一件审美作品；我还想到了哥本哈根的斯蒂
格·L.安德森（Stig L. Andersson），他与派翠西亚·约翰森一
样，尤其关注如何使雨水和城市土壤成为居民审美愉悦的对象。
但事实上，我相信是从库里蒂巴（Curitiba）①旅行归来的吕西

————————

①　巴西南部城市。——译注

安·克罗尔(Lucien Kroll,他在参加"建设老年住宅实验项目"期间曾与我共事)让我意识到,我所追求的其实是一种为生物健康服务的建筑。

2016年罗莫朗坦市马特拉地区的洪灾引起了蒙特利尔大学的伊莎贝尔·托马斯和巴黎高等师范学院的马加利·雷热扎(Magali Reghezza)两位教授、学者的关注,他们都鼓励我拓宽自己的经验领域。令我惊讶的是,伊莎贝尔·托马斯告诉我,本书中介绍的工程方法可以毫无困难地移植到其他洪水泛滥地区,应对不同的灾情,比如我熟悉的魁北克省的圣安德烈-德阿让特伊市。在我代表大巴黎市镇联盟主席帕特里克·奥利耶(Patrick Ollier)前往叙西布里市(Sucy-en-Brie)和马恩河畔古尔奈市(Gournay-sur-Marne)执行咨询任务期间,马加利·雷热扎让我认识到地下网络对于大巴黎地区排涝的重要性。与叙西布里市市长玛丽-卡罗尔·孙图(Marie-Carole Ciuntu)、马恩河畔古尔奈市市长埃里克·施莱格尔(Eric Schlegel)及其部门的密切合作使我在协调市政府不同部门的工作方面取得了进步。曼德勒厄市(Mandelieu)市长塞巴斯蒂安·勒罗伊(Sébastien Leroy)请我在水文学家马克·蒙盖拉德(Marc Montgaillard)的指导下,思考如何将洪灾威胁转变为该市的发展王牌。滨海阿尔卑斯省省长格扎维埃·佩尔蒂埃(Xavier Pelletier)负责并亲自参与到山谷重建项目的制定中,他让我有机会在研究固体运输动力学的水文专家文森·库林斯基(Vincent Koulinski)的指导下,在与2020年10月2日受洪灾影响的各市市长的持续对话中,设计出适应各市不同境况的未来蓝图。我无法一一列举他们的名字,但我想强调市长们和政府专业人员,尤其是滨海阿尔卑斯省陆地和海洋管理局(DDTM)的若昂·波尔谢(Johan Porcher)和吉兰·泰翁(Guylain Théon)所作的贡献,他们让我看到了政府机构的创新能力。

洪水既是地方性事件,也是全球安全的主要威胁。中央保险公司(CCR)的尼古拉·波杜索(Nicolas Bauduceau)让我开始思考,在同一地区反复发生的洪灾,会给个人、市政当局、政府部门和一些国际机构带来哪些长期的财政问题。欧洲洪水风险预防中心(CEPRI)的斯特凡妮·比多(Stéphanie Bidault)和风险预防总局(DGPR)的洛尔·图尔扬斯基(Laure Tourjansky)以及污染与风险预防总局(DPPR)局长塞德里克·布里耶(Cédric Bourillet)、副局长帕特里克·苏莱与我分享了他们的批评建议,帮助我继续反思该问题。他们委托我与污染与风险预防总局的韦罗妮克·勒伊德(Véronique Lehideux)一起负责 AMITER 创意竞赛,该竞赛旨在改善自然灾害易发地区的管理方式。这次竞赛使我意识到各地情况的纷繁复杂,管理人员的高度可靠,以及大赛负责人和评审团专家们关于构建超越个人的利益共同体的愿景。

最后,我还没有谈及工作室里与我一起进行建筑创作的最亲密的伙伴。热罗姆·比尔托(Jérôme Bulteau)是事务所的一名建筑师,他与我一起参与了本书中提到的建筑项目。我们在思想和工作上携手前行。另一位建筑师维尔日勒·德东(Virgile Deudon)在几年后加入了我们团队,帮助我们绘制建筑设计图。最近,加斯帕尔·谢纳(Gaspard Chaine)的到来使我们可以绘制新的图纸，这对本书的出版非常有帮助。没有他们就没有我们的项目、建筑和回忆。本书是我职业生涯的点滴积累，更是集体创作力的体现。如果说阿尔伯特·爱因斯坦在 1905 年发表的五篇论文的署名者仅有一人，那么到了 2015 年，宣布发现希格斯玻色子质量的文章共有 5154 人署名。显然，在一个世纪的时间里，作者和发明者的概念已经发生了变化。总之，我所提到的所有贡献者都是本书的共同作者，尽管仅有我应该对书中的错误负全部责任。本书的目的是终结建筑师以其天才照亮未来的浪漫神话，展示建筑师如何通过沉浸在他为之工作的社会角落中，不断积累职业经验以滋养他的建筑作品。强调这一点尤为重要，因为建筑师们正在以前所未有的方式倾听同时代人对自然、气候和生态发出的声音。因此，每一位建筑师都需要探索一条独特的道路，从日渐庞大的同行者队伍中汲取意见，丰富自身的创作。

本书的出版还要感谢法国生态转型部和文化部两个部门及其下属机构，风险预防总局以及建筑、城市和景观研究办公室，它们不仅提供了财政支持，并且通过了"应对自然风险新城市：开放避难所"这一合作项目。最后，我还要衷心感谢佩里内·塔尔诺，感谢她温柔的建议和充沛的精力，感谢我的三个女儿埃娃-玛丽、卡米耶和玛丽-露西倾听我的心声。

导　　言

据说,人类是唯一能够在地球所有气候条件下生存的物种。我们应该赞美这种强大的适应力,但同时不能忽略这样一个事实:人类之所以能够做到这一点,是因为人类改变了环境,创造了适宜居住的条件,并且在与自然的互动中,人类根据具体情况有时限制自然,有时破坏自然。长期以来,人类活动扰乱了气候,极大地改变了生态系统,改变了与生物世界共存的规则,以至于我们现在进入了一个不确定的时代,其动向脱离了人类的掌控。过去的居住形式,比如路易斯安那州河湾的原住民村落,变得不再宜居,甚至在逐渐消失。事实上,太平洋的所罗门群岛上有五个栖息地已经成为过去。而这只是一个漫长变化的开始,其终点还未可知。

人类历经数千年时间才创造出适合其栖息的生活环境。但是,正在发生的过于迅速的变化和过分庞大的人口使逐步适应变得不再可能。我们的开发模式和破坏模式对自然造成了不可逆的伤害,我们的行为越来越难改变,改革面临着重重阻碍。社会、经济、政治和环境形式需要我们在一个发生了深刻变化的地球自然环境中建立一种新的人类生存条件,这就要求我们这一代和后面几代,在实践里扭转自己所有的个人和职业习惯。人们与生产主义决裂,开始意识到(尽管还十分有限)与陷入危机的自然和谐相处的必要性,这种新的生存方式最初必将建立在众多孤立实验的基础上。

　　本书捍卫以下论点:建筑学作为一种建造各种居住形式的艺术,在改变人与自然的关系上,或更准确地说是人类与非人类的关系上——因为人类毕竟只是自然的一小部分——发挥着至关重要的作用。要实现这一点,就必须深刻改变我们对建筑的看法。建筑为其使用者提供了反思自身存在的精神框架。出于这一原因,建筑可以是束缚的源泉,也可以是解放的源泉。在承认建筑的传统作用是保护人类免受外界环境影响的同时,本书提出了将建筑作为一种激励因素的方法,以实现人类与非人类之间的新探索。为了说明这种矛盾的双重角色,我将建筑称为开放式庇护建筑(l'architecture des abris-ouverts),因为我的一些建议是异乎寻常的。但这些建议并不是夸夸其谈,而是30年专业实践的结果。我大量引用这些实践,是为了使这种建筑理论具体化,而不仅仅是给出一些范例。我的主要目的是提出一种反思方法,为建筑师们打开讨论的大门。实际上,建筑学如果能成为一种生产性临床实践,既能完成项目的实施,又能对其设计进行理论反思,那将大有裨益。①

———————

①　临床实践包括应用基于过去经验的知识,以了解其局限性,并将当前的实践作为反思和增进知识的基础。对这一实践的反思在很大程度上要考虑其他参与者的行动和思维方式,以及他们之间的互动方式。

理论视野

　　什么是"建筑理论"？"理论"一词会让人首先联想到科学理论，其次是哲学理论。然而，"理论"的意义范围实际上要广得多，否则诸如"科学"或"哲学"这样的修饰语就显得多余了。教育理论和音乐理论都不是严格意义上的科学或哲学。它们是一种实践理论，系统而有序地阐述了在某个特定领域的实践所依据的原则。这些原则随时间的推移而变化，因此，不同的理论接踵而来，相互交织，相互排斥。然而，与科学理论不同的是，实践领域的新理论并不会使旧理论变得过时。旧理论通过提出创新原则，为更新实践提供了可能。十二音音乐理论并没有消灭调性音乐，就像序列音乐理论没有消灭对位理论一样。同样，建筑理论也是以有序的方式确立其原则的实践。因此，新的理论必然是在新的实践背景下产生的，而这些理论只有与产生这种思想和行动的新视野联系起来才能被理解。从这个意义上讲，建筑理论不是公理的结果，而是临床实践的结果。那么这个视野是什么呢？又是为了一种怎样的建筑实践呢？

　　关于人与自然关系的辩论限制了思想和行动的范围，这些辩论部分是由自然灾害形式的更新和频率的加剧引发的。这些辩论显然互相矛盾。它们凸显了经济和政治利益的分歧，以及科学、军事、法规或安全等相关思维模式的差异。作为建筑师，我们只有考虑到与我们合作的利益相关者的各种立场，才能采取有效行动。与20世纪工业化催生的建筑项目不同，应对气候变化主要依靠个人的文化演变，但同时也基于职业的演变。与气候失常的斗争不仅仅涉及政府、专家和生产力经济，这只是深化改革人与自然关系的第一步。而是否进行这种改革，要取决于大部分国家的人民在多大程度上支持这种改革。

在整条历史长河中，人类的生存环境不断发生变化。但20世纪以来日益加剧的变革要求我们，通过一种能够适应世界各个地区、各个群体具体需求的建筑学，来改变我们的生活方式。然而，前进的道路上存在许多障碍：文化习惯的僵化、住房理念和生产的官僚化、自然变化的不可预测性以及个人在面对全球变革时的无能为力。气候失调引发的自然风险迫使我们不断提高应对各类恶劣天气的防护水平。但随着住房庇护功能的增强，居民发现自己越来越与自然隔绝，被剥夺了相关经历和身体感受，无法批判性地看待安居生活以及人类与非人类的关系。这种对危险视而不见的态度正是福岛核事故的根源，这次事故已经成为我们这个时代的象征：在海啸冲垮并淹没了被认为坚不可摧的堤坝后，本以为绝对安全的城市和核电站遭到了毁灭性的打击，而面对这场人们拒绝预测的大规模悲剧，应急服务部门在此时显得无能为力。我提出的观点则恰恰相反，我认为建筑学的更新会逐渐引导一种对风险的集体认识、对人与自然关系转变的多重经验以及新的安居生活方式的产生。这并不是希望以一种新的建筑风格或运动来取代现代主义或后现代主义，也不是要像克里斯多弗·亚历山大的《建筑模式语言》①一样，倡导一种建筑设计方法，更不是要效仿伊恩·麦克哈格在《设计结合自然》②中的景观建筑学，推广生态工程。所有这些革新建筑的尝试都有可取之处，但都没能解决我提出的问题：重建一种建筑理论，并使其成为符合当下需求的艺术形式。

这是一个雄心勃勃的项目，尤其是考虑到其紧迫性。什么是"建筑"和"艺术创作"？建筑是一种精神活动。它预见并预备了使每片土地都变得宜居的所有实践。并且，由于安居是人类在某个时间和地点生活境况的体现，因此当建筑邀请其居民进行批判性自我反思时，建筑就成为了一门艺术。

让我们用几句话说明为什么事情没那么简单。住房将居民置于其所在集体的社会和文化背景中，创建了一套与其密切相关的场所、意义和价值系统。每一个建筑项目都融入了这个场所系统，并对其进行加强或调整。与此同时，它将未来的居民指定为当地潜在的服从客体或参与主体。因此，建筑有助于改变情境定位，即被居民内化的场所系统，促使居民融入活跃的集体。但建筑并不能决定任何行动，它只能促进个人或集体的参与。这并不是无关紧要的事情。建筑创造了一些形式和象征的框架，使居民能够参与到社会活动中，并在个人自主权的范围内修正规则。这既可能

---

① 克里斯多弗·亚历山大(Christopher Alexander)、莎拉·石川(Sara Ishika-wa)、默里·西尔弗斯坦(Murray Silverstein)，《建筑模式语言》(*A pattern language*：*Towns*，*building*，*construction*［Center for Environmental Structure］)，New York：Oxford University Press，1977 年。

② 伊恩·麦克哈格(Ian McHarg)，《设计结合自然》(*Design with nature*)，Garden City（N. Y.）：American Museum of Natural History，Natural History Press，1969 年。

是一笔财富,也可能是严重的问题,我们不能忘记大型住宅区的历史教训。个人自主性在一定程度上是一个人自身经历的结果,而建筑无法通过其直接影响来消除这种自主性。因此大型住宅区的设计并不能促进大多数居民的解放。事实上,这种设计与他们所处的社会和文化动态完全脱节。让我们回到一般情况:当建筑能够为居民提供有效庇护所,帮助他们抵御社会生活的纷扰和恶劣的自然天气,同时为其参与文化变革开辟道路时,换句话说,当建筑能够创造开放庇护所时,它就能够鼓励或加强居民的自主性。然而,这只有在建筑庇护所为参与此类集体生产提供支持的情况下才有可能。尽管国家干预并非必要,但如果当局将住房视为社会和文化政策的一个关键要素,而不仅仅是土地使用政策的一个方面,就能极大促进居民对集体实践的开放态度。

瑞典林雪平市兰博霍夫区的例子表明了居住形式如何为其居民创造机会,使他们能够与单亲家庭、儿童、老人和因健康问题而离群索居者建立起新的联系。① 建筑还有助于改变人类和非人类之间的关系,促进每个人类个体的觉醒,正如我们将在第五章第三部分看到的那样,建筑使居民对天气变化更加敏感,使他们意识到自然灾害的存在,同时又保护他们在任何情况下都免受其侵害。这样做的目的是在降低灾害影响的同时,使灾害变得可被感知。通过鼓励居民熟悉恶劣天气的无常变化,让他们有机会

---

① 塞西莉亚·亨宁(Cecilia Henning)、马茨·利伯格(Mats Lieberg)、卡琳·帕姆·林登(Karin Palm Lindén),《社会关怀和地方网络:公共社会服务在郊区新区应用的模型研究》(*Social care and local networks:A study of a model for public social services applied in a new suburban area*),Stockholm:École d'architecture de l'Université de Lund,1991 年。

掌握主动权,并在与自然的新型关系中成为深思熟虑的参与者。我们面临的挑战远不止于自然灾害。人类居住的这个星球早已疾病缠身,而自然灾害只不过是正在发生的深刻变化的一种征兆。而且我们知道,这些变化大多数是不可逆的:进化的历程不会重演,我们也不知道如何让那些已经灭绝的物种复生。因此,无论身在何处,人类都应该关爱各种形式的生命,在尊重自然伟大法则的基础上,探索与所有物种和谐共存的活动方式。简言之,就是要帮助重建生物健康。这些话并不是信口胡言。人口增长和人类对自然资源的消耗引发了"第六次大灭绝",地球上的物种和生物数量锐减,气候变化只是地球生命严重失衡的后果之一。仅仅阻止全球变暖或减少人口和地球资源的消耗是不够的。地球病弱的身体需要恢复健康。自 1943 年乔治·冈圭朗的《论常态与病态的几个问题》出版以来,我们知道了生物体的生存离不开其环境,生物的健康取决于它与环境之间的关系;而自米歇尔·福柯效仿冈圭朗创作出《古典时代疯狂史》以来,我们知道了在历史发展进程中,理性虽然是法律和科学的基础,但却是一种流动的社会建构。① 米歇尔·柯南在《建设性评估》一书中提醒我们,平等以及所有社会政策旨在实现的价值也是如此。② 正是

① 乔治·冈圭朗(Georges Canguilhem),《论常态与病态的几个问题》(*Essai sur quelques problèmes concernant le normal et le pathologique*),2^eéd. Paris:Belles Lettres,réédité sous le titre *Le normal et le pathologique*,1950 年;米歇尔·福柯(Michel Foucault),《古典时代疯狂史》(*Histoire de la folie à l'âge classique*),Paris:Union générale d'éditions,1972 年。

② 米歇尔·柯南(Michel Conan),《建设性评估:理论、原则和方法》(*L'évaluation constructive:théorie,principes et éléments de méthode*),La Tour-d'Aigues:Éditions de l'Aube,1998 年。

由于这些价值具有流动性，我们才有可能在公共场合讨论它们的意义，并将其作为政策的对象。这种流动性并不等同于模糊性，它构成了政治和科学辩论所依据的问题的基础。① 因此，生物健康和自由、平等或福祉一样，是一种人类的价值观，而不是物质自然或生物自然的属性。我们可以将流动性进一步定义为生物环境可持续地自我繁殖的能力。正如我稍后将在文中指出的，这些术语本身就会引发争论，并且总是欢迎人们提出质疑。正是这种流动性使得一种文化目标能够世代相传，这是我们绝对需要的。而时间范围也需要纳入考虑。建筑师们只能以有限的手段参与到这样的计划中来，因为每个建筑项目都是政治和经济环境的一部分，而政治和经济环境所带来的各种规则和各方利益很可能与项目本身相矛盾，对项目不利。因此，他们有责任化解矛盾，解除现实或想象中的束缚，并鼓励人们从新的角度去看待建造问题。这一点尤为重要，但如果官僚主义的考量与当地实际情况背道而驰，要做到这一点就会异常困难。最后，一旦确定了项目的可行条件，就应该开始构想雏形，并将其纳入事先通过谈判确定的经济、政治和管理限制中，同时确保在建筑空间中对居民表达关怀，即便他们的期望可能会相互矛盾。这种方法要求建筑师及其合作伙伴三思而后行。而本书提出的理论旨在对此作出贡献。建筑师是本书的主要读者，他们已经掌握

---

① 美国的疾病控制和预防中心（Centers for Disease Control and Prevention 或 CDC）在 2013 年启动了一个跨学科的国际合作项目，名为"One Health"，我们可以翻译为"不可分割的一体健康"。其目的是通过思考人类、动物、植物及其共同环境之间的相互作用，获得最佳的治疗结果。巴斯德研究所在该项目中负责对抗新的微生物以及新抗生素的耐药性。

了建筑技术、生态、美学和经济等方面的知识（对此我不再赘述），并希望参与这种新建筑学的发明，而气候变化以及我们与其他生物关系的恶化使得这种新建筑学成为必然。同时，我希望其他人，比如建筑专业的学生和应对气候挑战的参与者，也能从中受到鼓舞，勇敢采取行动。

第一章　实践的三种视野

　　和我那一代的许多建筑师一样，我相信建筑是为那些伟大的抽象概念服务的，正是这些概念，比如优先城市化区（ZUP）、协调发展区（ZAC）、社会住房、学校和老年住宅以及所有"权力设施"，推动了"现代人"的出现。[1] 奇怪的是，我身边的年轻建筑师坚持认为，只要了解男性和女性的"基本需求"，了解他们身体的尺寸和比例，就足以设计出某种形式的住宅，就好像我们生活的世界只是我们父母和老师的世界的平庸复刻。但年轻人和父母之间的关系却在我们眼前发生着变化，工作和教育领域的变革也始终是人们热烈讨论的主题。就这样，我赢得了几项建筑设计竞赛，之后又与阿兰·萨尔法蒂[2]合作，参加了圣德尼体

---

　　[1]　弗朗索瓦·富尔凯（François Fourquet）、利翁·米拉尔（Lion Murard），《权力设施：城市、领土和集体设施》（*Les équipements du pouvoir：villes，territoires et équipements collectifs*），Paris：CERFI，coll.《Recherches》，1973 年。

　　[2]　阿兰·萨尔法蒂（生于 1937 年）曾是巴黎-康弗朗建筑学院（l'école Paris-Conflans）的建筑学教授。他在法国和其他国家的多项建筑成果，尤其是法国驻北京大使馆的修建，使他闻名全球。

育场的设计竞赛,并成为两次城市规划竞赛的获胜者。机缘巧合之下,我在巴黎康-弗朗建筑学院任教时的同事米歇尔·柯南①邀请我研究居民和用户对不同建筑类型的反应②:新城市的小学和幼儿园、老年住宅、翻新中的青年工人公寓、图书馆和其他类型的大学建筑。我因此发现了日常生活中无处不在的普遍冲突,以及这些冲突与每个机构中场所或角色定位的联系,还有与空间分配和布局的联系。这改变了我对社会的看法,并以一种新视野塑造了我的建筑实践:将处理日常生活中的普遍冲突放在首位。

围绕建筑项目产生的某些分歧和对立会导致僵局,这种情况就需要建筑师的介入。正是在这样的背景下,我学会了如何将我们在建筑使用者之间发生冲突时所采取的谨慎态度扩展到各利益相关方。这是第一个要点。几年后,一位项目业主联系我,邀请我为一片具有历史底蕴的前工业区筹备一个城市规划项目。文化遗产保护条例给项目设计造成了困扰。当发现整个区域都会被洪水侵袭,并且受到新条例的限制时,业主退出了项目。我则继续留在那里,希望了解自然灾害威胁下需要考虑的

---

①　米歇尔·柯南(生于 1939 年)时任巴黎建筑与科学中心人文与社会科学部主任。他因对公共政策的评估研究而闻名(《建设性评估:理论、原则和方法》,前揭)。

②　凭借与米歇尔·柯南合作开展的建设老年住宅实验研究(Sepia 建筑规划项目)、青年工人公寓整修研究以及 FJT 项目(由法国信托储蓄银行支持的青年工人公寓联盟[UFJT]的现代化资助项目),我们发表了大量文章,在这些文章的基础上,学校与单身工人住房(全国工人住房建筑公司项目)的设计也取得了进展。这些资料由建筑科学与技术中心(CSTB)出版,但现在已经很难查阅,因此我计划编写一份对这些文章的综合介绍。其中一些文章标题将被列在参考书目的"建筑科学与技术中心文件"中。

建筑和城市规划转型。后来在其他项目中，我还发现了火灾和风灾的相关风险，自然灾害这一普遍问题引起了我的重视。这将是我思考的第二点。

自然灾害带来了人类问题、技术和法律问题，也带来了过去所没有的政治责任和新的自然意识。在易受灾地区进行建设会涉及一些不习惯团队合作的参与者，而且缺乏可以将他们凝聚在一起的既定框架。仅这一点就使项目的管理变得棘手。但我很快意识到，这些情况只是我们与自然关系发生深刻转变的开端。气候变化要求我们立即进行反思，但也不能因此忘记，我们与其他生物物种及其生态系统之间的整个结构都岌岌可危。无论在城市、郊区还是乡村，当代人的生活习惯使我们越来越远离自然，无法意识到许多物种的生命正面临威胁的现状，以及我们的不作为可能给子孙后代带来的后果。因此，唤醒同胞的相关意识迫在眉睫。在我之前，许多生物世界的观察者，包括景观师、设计师和建筑师，都在通过建筑项目鼓励居民关心他们身边和目光所及之处的生物健康状况。这将是这个简短章节第三部分的主题。

日常冲突的视野

机构定义了建筑师需要处理的所有住房组织形式：家庭住房由家庭机构管理，公司由劳动机构管理，卫生、司法、教育中心由国家机构管理，商区和店铺由市场机构管理（在现代社会中由国家监管)。每个机构都有一系列附属于它的组织,而每个组织都基于对其成员特性的区分。这就导致了社会角色的多样性,而科学、技术、经济、政治和司法条例带来的频繁变革又深化或改变了这些角色。另外,这些角色并不是在机械地运行,正相反,每个人都根据自己的历史、文化甚至是心情来对这些角色进行诠释。这种多样性可能令人眼花缭乱,因此也就不难理解,由年龄、收入、社会职业类别和婚姻状况组成的官僚主义社会观似乎令人感到安心,并构成了大多数建筑师实践的抽象和限定框架。

然而,当我们想要了解某座新城市中某所学校的日常情况,或者省城的某个年轻工人在怎样的宿舍空间中生活,又或者某个老年住宅的成员(包括那些患有阿尔茨海默病的病人)如何在郊区的居所共同生活时,我们所谈论的是有血有肉的人,而不是因为属于某种纳税人、某类雇员或病人就可以无限相互替代的克隆人。事实上,所有组织的现实居所都既复杂又简单。比如学校由不同的空间组成,在这些空间里,人们扮演着不同的角色。这些空间包括校门入口、室内走廊、教室、食堂、图书馆等服务性空间,小组工作室、庭院、操场、教师办公室、校长办公室、幼儿园班级助理办公室、幼儿园区域专业代理办公室(ATSEM),以及根据当地情况设立的其他办公室。在那里开展的活动都是高度仪式化的:这些活动根据每个组织而不是个人的行程和时间表,将人们按照各自的角色聚集在一起。这些角色需要互动,而场所的布置或多或少地促进了这些互动,因此建筑方案、颜色、材料、开放性、照明、家具和植被都很重要。这些角色还涉及不同的职责，以及地位或权力的不平等。他们需要相互合作，但也可能在个人不知情的情况下引发矛盾，甚至是冲突。建筑物（包括修道院或监狱）是人们共同生活的社会场所，在这里，每个人都在一系列仪式化的活动中被分配了角色。合作与冲突共存，它们无处不在，但程度各异，这往往取决于空间组织及其附带的象征意义。因此，建筑师有一定的责任预测对生活有利或不利的各种情况，帮助每个组织顺利运转，让每个个体更加愉快。好消息是，这些情况并不完全取决于个人，而是取决于他们在每个特定空间的少量仪式化互动中所扮演的角色。诚然，个性的差异有助于改善组织生活，但试图预测这些差异却是毫无意义的，因为所有组织中的个人都会发生变化。另一方面，角色、仪式及其自身空间的变化却非常缓慢。因此可以通过简单的观察，或者对在特定空间中参与同样仪式的不同角色群体进行调查①来了解产生的冲突，确定组织所规范的空间形式究竟是加剧还是缓解了这些冲突。换句话说，建筑实践能够加剧或减缓日常冲突，例如邮局中顾客与职员的冲突、医院病房中医生与护士的冲突、学校门口家长与老师的冲突，或者青年工人宿舍中年轻人与隔壁邻居的冲突。

　　无论社会出身或是在组织中的地位如何，每个人都会面临

---

　　① 分组调查非常重要，其原因有二。一方面，直接观察是不可靠的，因为第三方观察者的出现会完全扰乱他们所观察的情况。另一方面，个人的看法和判断与群体的看法和判断可能大相径庭。因此，如果我们想了解群体中发生的冲突，就不能只依靠群体中单个参与者的判断。对于特定类型的空间，将在不同地方扮演不同角色的人群聚集在一起是非常有效的。这使他们能够展开探索性的对话，描绘他们所经历的五花八门的情况，而不是将自己限制在与小组中其他成员共享的空间中，为自己的角色辩护。

这些日常生活中的普通冲突。而每个组织都会受其所处社会和文化环境的影响。城市或农村生活中的某些情况会严重影响在那里开展工作的机构的生存。建筑师们会无奈地发现,自己正面临对自身不利的情况,因为他们所处的社区会遭受各种滋扰,公共服务不完善,或聚集着一些被污名化的人群。在这些情况下,居民所面对的特殊困难只会加剧日常冲突的发生。

自然灾害的视野

法国和世界各地自然灾害的日益频繁已经无需赘言。而自 20 世纪最后几十年以来,与自然灾害相伴发生的暴力现象更是有增无减。最重要的是:有的灾害发生在人们意想不到的地方,因为与之相关的记忆早已消失或被淡忘,比如 2010 年 2 月 28 日辛西娅风暴(Xynthia)过境时的滨海拉特朗舍市(La Tranche-sur-Mer)和旺代省。有的灾害则规模惊人或出乎意料,比如 2016 年 6 月初巴黎地区的洪灾,有 16 个省的 782 个城市受灾,房屋、学校、市政设施和约 1500 家企业遭受损失。无论是风暴、洪水、泥石流还是火灾,自然灾害会摧毁大量无法抵御风险的房屋或使其无法使用,加剧水污染,造成连带事故和人员伤亡。有的洪涝灾害是由已知气候现象的罕见加剧所致,例如 2014 年 9 月中旬至 10 月中旬,塞文山脉初秋的持续降雨在一个月内造成了四次长时间的暴雨。另一些灾害的诱发和加剧似乎部分由于城市化,土壤渗透性变差加剧了暴雨的影响,2015

年的尼斯地区就是如此。① 遭受重大意外灾害的街区——有些是旧街区,有些是新街区——清楚地表明,有必要重新思考法国许多地区的建筑方式,②并考虑针对已经遭受或可能遭受灾害地区的现有房屋整修技术。

这凸显了两类问题:其一是在建筑管理中引入新参与者的问题,其二是居民在知道或者认为自己正面临洪水或其他自然灾害时的焦虑。预防和保护措施涉及不同的机构,但这些机构通常并不习惯团队合作,它们提出的建议或制定的标准往往是临时性的,并不符合当地的实际情况,有时还会相互抵触。如果没有监管机构,情况就会更加严重。因此,即便只是小规模的行动,其复杂性也会大大增加。但最严重的问题还是在于未来的居民。在任何情况下都必须确保他们的安全,尤其是当发生了比预期更严重、超过了设定保护阈值的事件时。为防止河流泛滥而修建的大坝,或为控制水池蓄水而设计的堤围,会让生活在其下的居民在任何情况下都感觉受到保护。然而,如果河流或水库的水位超过了大坝或堤围的峰值,那么随之而来的洪水的

_____

① 研究风险与环境的地理学专家马伽利·热格扎-茨特(Magali Reghezza-Zitt)在接受《世界报》关于这些事件的采访时指出,必须重新思考城市规划,同时,尤其需要在民众中传播风险文化。见莱蒂西亚·凡·埃克豪特(Laetitia Van Eeck-hout),《洪灾:"必须重新思考城市规划"》(Inondations:"Il faut repenser l'aménagement de la ville"),《世界报》(Le Monde),[在线],2015 年 10 月 5 日,www. lemonde. fr/planete/article/2015/10/05/inondations-il-faut-repenser-l-ame-nagement-de-la-ville_4782941_3244. html,访问日期:2017 年 8 月 31 日。

② 贝尔纳多·塞基(Bernardo Secchi)、保拉·维加诺(Paola Viganò),《多孔城市:大巴黎和后京都大都市项目》(La ville poreuse:un projet pour le grand Par-is et la métropole de l'après-Kyoto),Genève:Métis Presses,coll. «vues Densem-ble»,2012 年。

破坏力就会超过没有保护措施时水位上涨所造成的影响,而且几乎不给人们留下逃生时间。堤坝也可能出现决口,进一步加剧洪水的暴虐程度。因此,让居民相信他们的安全有所保障是相当轻率的,因为没有什么比对危险视而不见更可怕。因此,我们需要创造的是这样一种居住条件,即让居民熟悉危险,逐渐获得经验,从而更敏锐地判断自己是否安全,并确定他们可以采取的措施。这就是建筑的开放功能。但这并不意味着要让居民生活在恒久的焦虑之中。因此,建筑必须为居民提供安全感,让他们知道在任何情况下,他们都是被关照的对象,同时也请他们正视危险,熟悉危险的各种表现形式及其警示信号。这就是渔民应对大海的方式。我们需要为在开放避难所生活的新文化作出贡献。

生物健康的视野

自然灾害给受害者带来的直接损失只是其危害的冰山一角。环境污染,某些生物物种数量的明显减少,以及加速植物、微生物、昆虫和动物迁徙的气候变化,众多生态系统正面临威胁。因此,自然资源的开发、农业的维持以及在土地上的定居都成为了未知数,这就要求在不同的地区以不同的方式,逐渐适应所有居民的生活模式。几个世纪以来,我们一直认为自然是我们拥有的遗产,它能够承受我们的一切活动和一切过度行为。而现在我们知道,生物健康是全人类都应该关心的共同利益。

这可能并不是什么新鲜的观点。但仅仅是对可回收垃圾进行分类和促进自然保护区的发展——这些行动当然值得称赞——并不足以保护海洋、冰川、河流以及蜜蜂、珊瑚这些生物物种。我们清楚地知道，公众的积极参与，以及每个人在生活中意识到生物健康的重要性，是实施集体措施的必要条件，唯有这样才能控制风险。当你在冰川上出生，你就得学会分辨不同类型的冰雪，这让北方人能够有惊无险地进行狩猎和捕鱼。但是，如果你出生在城市，你就得时刻保护自己免受自然、风、雨、阳光、高低不定的温度、昆虫、微生物，有时甚至是鸽子的伤害。我们不断改善住宅的隔绝性能，在疫病肆虐的时候，居民在街上行走或搭乘公共交通工具时都会佩戴防护口罩。试图让时光倒流是荒谬的，然而，我们必须创造新的居住条件，鼓励所有居民关注身边的生物世界，包括它的变化和风险，并意识到人类的存在只是生物链上的一小部分。这种演变只会缓慢地发生，而事实上，自然灾害或许提供了一个机会，去唤醒人们对地球上生物健康问题的更广泛的认识。这就需要建筑师、居民、民选代表和已经意识到自然环境恶化的所有人通力合作。必须强调的是：这种新的视野要求建筑师尽可能地融入专业人士或被建设地的环境问题动员起来的非专业人士的圈子。

第二章　作为一种艺术形式的建筑

　　建筑塑造着每一位居民的生活。它制造出物质框架和非物质氛围，构建出不同的空间组织形式，从而影响居民的生活和思维方式。例如，卢西奥·科斯塔（Lucio Costa）在巴西利亚设计的超级公寓（les appartements des *superquadras*）有两部电梯，一部供主人使用，另一部供有色人种的仆人使用，在室内布局上使前者能够避开后者，表面中立的墙壁和走廊实际上体现了社会和种族的隔离。但更简单地说，我们可以发现，当代法国住宅所特有的关于个人隐私、身体和性卫生的观念，在文艺复兴或古典时代的贵族住宅中并不普遍。不同的建筑会将一个社会的道德风俗导向不同的方向。诚然，建筑并不能完全决定居民的生活和文化，但它在开启了一些可能性的同时也关闭了另一些。而如果说建筑塑造了居民的生活，那往往是在他们不知情的情况下发生的，这使得他们几乎没有批判性反应和自愿改造的能力，就像他们缺乏应对气候的能力一样。艺术有责任打破这一魔咒。在弗兰克·劳埃德·赖特（Frank Lloyd Wright）和布鲁斯·戈夫（Bruce Goff）等建筑师发起建筑艺术革命之后，美国人已经放弃了维多利亚时期私人住宅的组织原则。他们的艺术并没有形成一种风格，而是对美国精神形成过程中的家庭生活进行了深刻的修正。赖特敦促他的客户为自己和孩子在"优仙丽亚"（Usonia）的现代生活做好准备，那是他对美国领土的乌托邦幻想。他建造的房屋以夫妻之间、父母与子女之间的新型关系为中心，成员聚集在家庭周围，营造出一种亲密的家庭生活氛围。这一切都是为了批判奴役，批判通过性别和年龄分隔空间，在家庭内部进行个体的分割，批判维多利亚时代功能空间的不合理性。这些艺术提案产生了巨大的影响，因为它们揭示了维多利亚时期住宅的伦理意义，引导居民以批判性眼光看待自己的住宅，并鼓励他们向新的生活方式迈进。我们在此只是想强调，当建筑鼓励其居民对建筑传统强加给他们的生活方式进行批判性反思时，建筑就成为了一种艺术。① 这并不是说艺术作品预示着文化变革，而是说艺术作品开辟了一个空间，这个空间可以让我们克服迄今为止看不见的偏见。我们很清楚现代建筑师的文化框架计划还未实现，但这种批评忽视了一个事实，即他们创造的形式以及他们所倡导的城市空间的社会用途再分配，引导了对过去习惯的批判性反思，并在一定时间内解放了思想。

---

① 我将建筑作为艺术来分析的想法受到阿尔瓦·诺埃（Alva Noë）的启发。见阿尔瓦·诺埃，《奇怪的工具、艺术和人性》（*Strange tools，art，and human nature*），New York：Hill and Wang，2015 年。

建筑思维方式的统一性和多样性

我们需要深入探讨我刚才概述的艺术与建筑之间的关系，而不局限于有用的建筑和无用的艺术之间的对立。让我们回到"建筑"的定义上来，建筑作为一种精神活动预见并预备了使空间变得宜居的所有实践活动。它包括生产预制房屋的机构和设计事务所的勘测实践，比如卢瓦尔河谷的穴居住宅建设，或法国各省乡村住宅建设公司传播的美学模型。① 换句话说，建筑远远超出了持证建筑师的活动范围。但反过来说，如果像某些社会学家那样，局限于只将建筑师所做的事称为"建筑学"，那将毫无意义。事实上，建筑师工作的领域取决于法律以及众多参与者之间的经济关系，而自从国家承认建筑师这一职业以来，法律与经济关系一直在不断变化。另外，各国的情况也不尽相同。如果拘泥于这个偷懒的定义，我们就无法严谨地谈论世界建筑史。然而，建筑师对建筑艺术的特殊贡献是一个值得探讨的问题，以便明确建筑作为一种艺术形式的思维方式。

建筑师因其作品的独创性而与众不同，这一点很容易达

---

① 见 1977 年弗朗索瓦·迪博(Françoise Dubost)的博士论文《穷人之家与富人之家：博若莱村的社会住房模式发展》(*Maisons riches et maisons pauvres. Évolution des modèles sociaux d'habitat dans un village beaujolais*，Thèse de doctorat，EHESS/Université Paris X-Nanterre，1977)发表后，弗朗索瓦·迪博和伊萨克·希瓦发表的论文。

成共识,这就为以竞赛形式来挑选公共建筑设计提供了理由。但是,竞赛评委会内部的争论突出表明,我们很难去界定或明确应该考虑的原创领域。美学、技术或经济方面的考虑经常隐含地却意义深远地结合在一起,以至于建筑师不愿意宣称自己的建筑是艺术品,就好像艺术品应该是非物质的,或者是由一个脱离了当下凡尘琐事的头脑构想出来的东西。然而,不存在非物质的艺术品,因此也不存在绝对脱离凡尘琐事的艺术品。拉斯科洞窟中的壁画就像巴赫的音乐或帕特农神庙的建筑一样,是物质工具化的结果,见证了人类文明在某一特定时期的创造力。这些形式与自然界自发的形式格格不入,但却历经数百年而不衰,我们希望能将它们保留下来,因为它们反映了一种与我们既相似又截然不同的人性。它们的存在证实了人类超越生死的延续之谜。建筑是这段冒险的一部分,甚至是最动人、最令人印象深刻的表现形式之一,同时也是最晦涩的形式之一,因为在面对这些作品时,我们即便无法理解,也会被深深吸引。这样的例子比比皆是,从埃及金字塔到印度的神庙,比如埃洛拉的凯拉萨神庙,它从悬崖顶部整体向下雕刻,一直延伸到人工建造的地面;同样引人注目的还有安纳托利亚高原加泰土丘无街城镇遗址里的无窗住宅;甚或那些罗马住宅,比如庞贝的神秘别墅。这些建筑与我们如此接近却又如此遥远,它们见证并引导了我们无法理解的生活方式或思考人类的方式。将建筑定义为一种艺术的方法当然有千百种:无论是意大利文艺复兴时期将人类生活融入和谐的数字世界中的艺术,还是自 1851 年伦敦世界博览会及其水晶宫①修建以来,现代世界中超越技术的艺术,抑或是在尚未结束的后现代主义时代中,解构建造艺术传统的艺术,每一种都是其时代可能的表现形式之一。而我想提出另一种更适应当今时代的建筑理念,并将其视为"重塑与生物之间关系的人类社会艺术"。

对可感知事实的批判

艺术没有本质,只有在可感知的领域探索人类表达可能性时留下的可理解的痕迹。这一论断是隐喻性的,它并不是在下定义,而是通过诉诸想象力和探索者形象来进行暗示,就像意大利文艺复兴时期的建筑师阿尔伯蒂(Alberti)所说,探索者,比如绘画的神秘创始人纳西索斯,总是深入可感知世界的黑暗角落寻找自我。但这只是表明了艺术创作的不同路径。要弄清建筑作为一种艺术形式的含义,就必须看看建筑本身告诉了我们什么。所有供人居住的建筑都组织了周围居民的生活方式。这些生活方式并不那么清晰可辨,更多是无意识的处世之道,以及每个机构在确定自己仪式和场所的同时所倡导的纪律形式的综合结果。因此,我们进入教堂或清真寺时会压低声音,而在体育馆则会准备好迎接欢乐或沮丧的爆发。所有建筑都确定了其使用者,将他们置于人类社会更广阔的空间中,成

---

①　伦敦为举办第一届世界博览会修建的场馆。——译注

为整体的一部分。在现代世界中,我们居住和工作的社区成为了我们社会身份的标志,这几乎无法摆脱。随之而来的是贫民窟化、贵族化、住房隔离、商业园区专业化,以及乡村、老城中心和现代街区的旅游消费化。情境往往决定了安居方式,在居住空间中,它将人类和社会的价值分配给不同的住房形式——住在塞纳河畔讷伊区或圣德尼区的人会被先验地赋予一系列不同的特质,但也揭示了在社区和家庭的某种生活规律——在巴黎的拉德芳斯或歌剧院街区工作决定了不同的生活节奏,而这还算容易克服。这就是我们说的"建筑的情境定位"(situant architectural)。这些情境的内化来自日常习惯的重复,不仅仅是个人习惯,或许更重要的是在任何地方通过与他人互动形成的习惯:情境不仅来自邻居和门房的态度,也来自商贩、市政厅工作人员的态度,以及我们未曾谋面的人在媒体上发表的评论。在崇尚自主和自由意志的当代社会中,建筑的情景定位逐渐成为焦虑的根源,因为即使我们感受到了它的影响,也无法对其进行思考或改造。

建筑确定了机构所在地,然而,建筑并不是机构所定义的社会关系在建筑空间中的简单投影。尽管许多现代机构努力制定建筑标准和规则,而且通常是以功能主义的"需求"理念为名,但确保机构和谐运作的空间组织并没有发生转变。一个机构的生活总是其居民之间多方协商的结果。在同一栋公寓里,没有以相同方式生活的两个家庭,即使他们表达了类似的不满,同时感受到了住所的不人性化,或者拥有相同的家具。建筑或多或少使其居民更容易对栖息地产生相对自主感和公共认同感。吕西安·克罗尔①和皮埃尔·勒菲弗(Pierre Lefèvre)②多年来一直致力于将家庭自由延伸到住宅领域,这让我们不禁想起佛登斯列·汉德瓦萨(Friedensreich Hundertwasser)③对奥地利社会住房和加油站的改造。这些建筑师的目标都是消除建造与管理集体住房的官僚机构给住宅地及其居民带来的一系列去个性化影响。他们努力关心每个家庭,并在其设计的生活空间中,为个人留出规划或改造的余地。对居住者(家庭、教师、学校中的儿童和教职工、养老院成员)的关爱,要求建筑师具备特别的想象力。他们只能提出一个答案,但组成家庭、学校师生、养老院成员的真实人群却不可避免地会随着时间的推移而发生变化。建筑学面临的挑战是创造自由空间,使居民集体能够最大限度地发挥他们的创造力。

---

① 吕西安·克罗尔是一位比利时建筑师,因在住房设计中重视居民和工人闻名,后来致力于生态建筑。他的成名作是为布鲁塞尔沃吕韦天主教大学(l'Université catholique Bruxelles Woluwe)建造的学生宿舍楼"美美"(la Mémé),这栋楼正对一座名叫"法西斯"(le Fasciste)的工业建筑。见吕西安·克罗尔(Lucien Kroll),《复杂性建筑》(*The architecture of complexity*),Cambridge［Mass.］:MIT Press,1987年。

② 皮埃尔·勒菲弗是一位执业建筑师,曾于1974年至1987年期间主持居民驻地工坊(指专业人士陪同下的居民协会,其目的是促进该地的社会化发展——译注),1975年至2007年,在巴黎-拉维莱特国立高等建筑学院从事教研工作,是一位孜孜不倦的探索者。他的著作包括《欧洲可持续发展村庄之旅:从可持续发展的角度揭示值得称道的首批城市项目》(*Voyages dans l'Europe des villes durables : exposé des premiers projets urbains remarquables réalisés dans la perspective du développement durable.* Paris:Éditions PUCA/CERTU, 2007)。

③ 佛登斯列·汉德瓦萨(1928—2000)是一位奥地利艺术家,他坚定地投身于环保事业,并反对一切形式的私人生活控制。他因捍卫住宅建筑外墙的个人表达权,以及捍卫树木和大自然而闻名:"如果一个人在大自然中漫步,他就成了大自然的客人,那么他就应当学着像一位有教养的客人那样待人接物。"

　　此外,特定机构内部组织的变化与其他力量(经济力量、政治力量或技术力量)相结合,也会改变机构本身。建筑是这些变化的利益相关者,它既可以增强机构对居民的控制,比如大型住宅区的建筑或"办公园"的建筑,也可以增强居民的自主能力,比如拉尔夫·厄斯金(Ralph Erskine)①在斯德哥尔摩大学弗雷斯卡蒂校区(Frescati)的案例。从吕西安·克罗尔到拉尔夫·厄斯金,刚才我提到的所有案例中,建筑的设计都是为了鼓励居民群体对他们的居住条件和居住方式进行反思,让他们能够主动改善生活条件和自我形象。这些建筑师以服务居民为目的,试图通过建筑以各自的方式重建人的意义,强调回归人类自我并对居民的未来负责。我坚持认为建筑是一门艺术,那是因为建筑情境定位的某些视角能够为批判提供必要的距离。从这个意义上说,只有通过居民的反思和解放行动,建筑才能够完整地存在。建筑的这种艺术维度无疑是基于它所规定的物质材料安排,以及它所调动的与实践、象征和想象的关系。但是只有通过居民对其条件的反思性反馈,以及他们通过自己的主动行动对这些条件作出改变,才能实现这种艺术性。显然,这是一种对我们社会上日益增长的官僚主义进行批判的建筑。但是,汉德瓦萨的作品所体现的这种批判性目标本身,并不足以产生一种可供所有人共享的人类意识。这些解放性建筑实验的受益者所获得的各种个人满足感,并没有结合起来产生一种新的社会生活

---

　　① 拉尔夫·厄斯金(1914—2005)是瑞典建筑的伟大革新者,也是二战后最伟大的建筑师之一。他的作品打破了国际现代建筑协会的国际化风格,肯定了对环境特殊性的重视,以及对其建筑的不同用户群体所表达的复杂观点的尊重。

感。相反,米歇尔·柯南在温哥华研究的合作社区住房实验则朝着这个方向迈进了一步。他在市中心,尤其是在福溪和格兰威尔岛周围,更新了住房建筑和城市规划,超越了合作社区本身的有限范围。尽管该项目在成功实施几年后,随着加拿大合作社区的资金改革而结束,但这次经历却值得我们反思。所有这些项目实际上都基于一个集体目标,该目标超越了每个合作社区的特殊性:将城市中最贫困的家庭纳入负责其住宅区生产和管理的居民社区中。融入集体被视为恢复人的意义感和尊严感的先决条件。温哥华①以及加拿大许多其他城市的合作社区计划的特点说明了一个很少被考虑、很容易被遗忘的现实:目前,人的意义只存在于追求个人生活中的自我建设与投身集体生产之间的紧张关系中,而集体生产的意义超过了个人生活的意义。作为人类,你必须在孤独与团结、回归自我与拥抱集体活动之间来回穿梭。

迈向新人类

在我看来,建筑作为一种介入艺术,致力于促进人类对其人性的确认(而不是借助数字技术的假肢来"增加"人性),并且能

---

① 米歇尔·柯南,《自治、团结和融合:加拿大、丹麦、瑞典和美国住房的新视角》(*Autonomie, solidarité et insertion: nouvelles perspectives de l'habitat au Canada, au Danemark, en Suède et aux USA*),Plan Construction/CSTB, Paris: CSTB, 1991 年。

够帮助每个人应对这一双重挑战。除了通过加拿大合作社区的建筑来重建社会纽带这一听上去光荣但在政治上脆弱的目标，本世纪迫在眉睫的生态危机也在呼唤一种新的建筑艺术伦理观。与19世纪以来盛行的纯粹艺术美学大相径庭，这种将艺术视为伦理条件的观念并不是一种古典艺术理论的回归，因为古典艺术强调的是愉悦与道德教育的结合，而这种新建筑理论的目的是，激发居民对周围建筑的情境定位进行批判性思考，促进他们关注环境问题，调动他们的个人和集体行动积极性，从而在人类和非人类之间形成新的实践方式。这一运动在20世纪70年代起步缓慢，当时巴西巴拉那州首府库里蒂巴市在市长贾米·勒讷（Jaime Lerner）的领导下进行了自我改造。这位曾三次当选市长的建筑师向人们展示了在一个拥有100多万居民的城市中进行集体动员的可能性，成功后所面临的困境，以及不仅是对城市化，还有对建筑涉及的所有层面进行反思的必要性。这种反思有助于开展一场历史性运动，以建立一种关注地球生物健康的人类意识。他的城市政策在经济上取得的成功吸引了许多居民，但接替他的民选代表却开始破坏他所开创的事业。我们从中可以得到的启示是，在民主制度下，只有民众坚定地投身于一种新的伦理道德，我们才有希望为促进生物健康持续努力。

第三章　实践中的故事

　　科学家和哲学家能够选择他们探索的领域和工具,这多么幸福!而建筑师则受制于不可预测的委托,他们所构建的故事往往不是出于自己的选择。他们有时是幸运儿,有时又成了委托的俘虏。我的工作条件介于二者之间。我参与的项目类型不多:新建或改造住房、办公楼,打造小型公共设施或者花园,这就是主要部分。另一方面,我也曾在不利的环境中工作,领导过那些需求相互矛盾,或者位于高噪音地区,有火灾或洪灾风险的项目。因此,个人选择和不可预测的委托决定了我的实践范围。我还曾花费一些时间以批判性视角对居民与住宅之间的关系进行观察:老年住宅、青年工人公寓、为全国工人住房建筑公司(Sonacotra)的移民工人翻修的公寓,以及中小学和大学的建筑。① 这些观察显然能够让

---

　　① 这些工作是与米歇尔·柯南合作完成的,其成果于 1992 年至 1996 年间由建筑科学与技术中心发表,其中最重要的是《新城学校改造经验》(*L'expérience d'une ville nouvelle au service de l'amélioration des groupes scolaires*,Paris,Sénart:SAN ville nouvelle de Sénart/CSTB,1995)。也可见参考资料中"建筑科学与技术中心文件"中的标题。

我从居住在这些建筑里的不同参与者的视角来审视我的项目。在每种类型的建筑中,参与者的愿望和期待会相互矛盾,这并不是什么稀奇事,但确实制约着他们与建筑空间的关系,并且这种关系往往是他们无法理解的。这迫使我根据合法参与者们日常互动所产生的冲突,为不同机构的建筑类型设计出不同以往的拓扑结构。在转向那些必须考虑自然灾害风险的项目时,我用两个补充专题来丰富这一结构:第一个专题涉及保护与暴露于风险之间的冲突,第二个专题则涉及封闭与开放之间的对立,即封闭于当下的个人实现,抑或是向历史、向与生物建立的新型关系开放。

随着对项目进程的深入反思,我逐渐总结出一些原则,它们尽管无法形成系统的方法,却彼此关联。接下来我将讲述这些原则的形成过程,目的是让读者熟悉这些或许不太常见的建筑实践术语。每个故事都以对项目初始地点和环境的描述开始,随后介绍在项目实施过程中应用的原则,这些原则有助于项目与当地文化的融合。这一点至关重要,因为建筑被视为一种艺术形式,而非单纯的消费对象,它能够促使建筑中的居民参与并推动文化变革。这些例子选自我自己的作品(以便我能在充分了解事情全貌的情况下进行阐述),以及少数几个我所欣赏的艺术家的建筑作品,我希望用自己的语言展示他们带给我的启示。

日常冲突的视野

以下四则故事涉及我领导的两个建筑项目,以及另外两个我认为堪称典范的项目,在我看来,后两个项目充分体现了建筑如何克服未来用户之间的日常冲突。第一个故事着眼于发生在机构内部的日常冲突:一所位于城区的幼小一体学校。其他故事不再重复这一层面的分析,在项目设计中也没有对此加以考虑,而是将重点放在了与具体城市情况和历史环境相关的文化冲突上。

圣日耳曼昂莱市贝莱尔区的一所幼小一体学校,作为城市社交的象征

圣日耳曼昂莱市市长希望利用内环路贝莱尔车站重新开放的契机,将沿线一片占地四公顷的果园改造成一个新的城市中心。该项目遭到了周围居民的反对。果园位于铁路线另一侧的大型住宅区和一片独立房屋住宅区之间的斜坡上。城市化优先区(ZUP)的居民希望保留一片透过窗户就能看到的自然空间,而独立房屋住宅区的居民则希望有一个散步的场所。此外,铁轨经过几米高的路堤,周围地区都将受到火车噪音的影响。这个城中心包括办公楼、商区、一个大型花园和一所学校。因此,与现有的两大居民区相比,该中心将面向更广泛的人群。与所有新社区一样,这所学校是家庭聚会的理想场所,也是教师对儿童行使权力的地方,同时也为儿童提供了激发其学习精神和主动性的生活空间。因此,这里也是日常冲突频发的场所。

概念

在一次建筑竞赛中,阿兰·萨尔法蒂和我共同提出了名为"森林阳台"的项目,我们希望在办公楼的阳台上种植树木、安置

商店。我们最终在竞赛中胜出，但很快，巴黎地区的办公楼房地产危机迫使我们用住宅楼取代办公楼，引进新设备，并重新思考建筑设计。我们决定使公共设施成为保护住宅的隔音屏障。①而我负责的学校就坐落在该区域的一角，紧靠铁路的路堤。首先，我决定用大型金属屋顶覆盖整个建筑群，把火车的噪音反射到空中，接着将四面完全封闭，使其朝向宽阔、完全安静的内院。噪音污染的问题解决后，剩下的就是棘手的学校生活问题了。日常生活中与空间有关的问题总是与没有法规依据的设计习惯密切相关。例如，一些方案满足于教室、图书馆和其他教学区的最小规定面积，并按比例增加厕所、通道、娱乐和其他各类服务区的面积。这样做的结果是教室面积过小，孩子们无法在里面走动，②教师开展活动也受到限制。这些设计总会包括几个可容纳半个班级的活动室，以便教师主持活动，但这些活动室从未被使用过：因为教师对孩子的安全负有刑事责任，他们必须在活动现场，但他们不可能同时全心全意地照顾两个教室里的学生。同样的情况也发生在图书馆，极小的面积只能容纳半个班级的学生，因此也无人使用。拥挤的教室并不是激发孩子们学习兴趣的理想环境，这一点毋庸置疑。室内走廊同样会成为问题的根源，尽管它们每天只被使用不到一小时：当孩子们离开教室，走廊突然充满了噪音、推搡，有时甚至会发生偷窃事件。同样，

---

①　反射体是更可取的选择，因为它可以将声能扩散到天空，而垂直的墙体则是将声能反射到道路的另一侧，也就是贝莱尔的城市化优先区。

②　当阳光照进教室，落在黑板上时，许多孩子会因为晃眼的反光无法看清黑板上的内容，而且由于教室空间不足，他们只能呆坐在座位上。遗憾的是，这是近年来学校普遍存在的问题，我在新城区也发现了这种情况。

孩子们通常可以从室内走廊进入厕所。如果他们在上课时间使用厕所,然后乘机到城里玩耍,没有人可以监督。这样一来,教师就有可能被追究刑事责任。而解决方法非常简单粗暴:只有在休息时间才让孩子们使用厕所。因此,厕所的大小必须相应地满足学校在一刻钟内的所有需求。这就造成了一定限制,有时对于还在进行如厕训练的孩子来说是非常痛苦的。在丝毫不改变学校总体面积的情况下,我取消了走廊,取而代之的是一条沿着操场的有遮挡的通道,教室和图书馆的面积扩大了50%,两个班级共用一个衣帽和厕所空间,而这个空间同时也是每个班级通往操场的通道。现在,教师可以关闭这个空间通往操场的门,让孩子们随时上厕所,并且因为教室空间足够大,能够组织孩子们在空间里的活动,他们可以单独或以小组形式四处走动,阅读或完成某项特别任务。我还在教室里增加了悬挂学生作品的区域,以改变教室的视觉空间。

融入文化

我们都知道,孩子们并不总是乐意上学,因此家长和老师必须温和地引导他们。然而,建筑师并不经常考虑到家长和教师之间的关系。但这其实至关重要,因为他们都对孩子负有全部责任。为了避免荒唐又琐碎的冲突,最简单粗暴的办法就是将他们完全分开。结果就是家长们风雨无阻地在校门口踱步,等待着孩子们放学,就好像他们在接受惩罚。家长被定位在学校生活之外,这种不愉快的状况不利于家长与教师之间的关系。相反,我希望家长在不影响教师工作的情况下,能够在学校里受到欢迎,在那里拥有自己的位置,让学校成为家长、孩子和教师共同的家。因此,学校大门通向第一个内院,孩子们可以从这里前往幼儿园或小学。幼儿园和小学都有自己的教室和操场,而教室和操场都围绕着一个免受外界噪音影响的庭院。家长可以进入庭院,那里有一个带顶棚的门廊,可根据季节遮阳或者避雨。这种宾至如归的感觉让家长能够在学校社区中认识其他成员。这个庭院位于学校围墙内部,因此决定了家长在学校的位置以及行为方式(图 1 和彩图 1)。此外,从这里还可以通往幼儿园和小学共用的休闲中心、图书馆和食堂,以及教师和校长的办公室。该庭院既是学校各职能部门之间互动的中心,也是学校与家长关系的中心;它欢迎家长的到来,让他们在教师的引导下探索学校。开办这所学校的教师们为了回应家长对他们工作的关心,开展了各种创造性活动,并欢迎家长们走进教室,因为他们想与家长分享孩子们在这里找到的快乐。这是一个典型的"支持"(étayage)案例,即把对家长的关心建立在教师自己所感受到的关怀之上。弗洛伊德提出了支持概念来解释儿童的成长:性冲动得到自我保护冲动的支持,随后从中脱离出来并变得独立。同理可知,我认为想要促进居民社区(此处指学校)中的个人参与,就应该通过支持居民(此处指教师),使他们感觉到自己是被关爱的对象,而后他们会从这种满足感中抽身并反过来积极投入集体。这样,家长、孩子、教师和工作人员都参与学校的集体创造性工作,并且都乐在其中。学校这个新的社交场所就这样成为了社区的象征性中心。

而如果想要探讨在儿童就餐时间或者返校前,由于监管问题

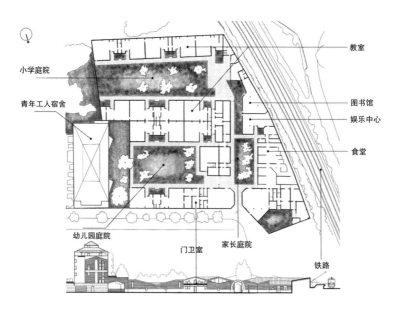

教室

小学庭院

图书馆

青年工人宿舍

娱乐中心

食堂

幼儿园庭院

门卫室

家长庭院

铁路

图1　正面平面图©埃里克·达尼埃尔-拉孔布团队绘制
贝莱尔学校不受噪音影响,校园内部向家长开放。整个学校都朝向校内的庭院,其屋顶的褶皱能够反射噪音。教室分别通往幼儿园和小学的庭院。家长可以在入口处的第三个庭院里陪送或等待自己的孩子,这个庭院也通向娱乐中心、图书馆和食堂。只有门卫室通往市区。

而引发的冲突,或者由于学校不同员工之间地位差异而引发的冲突,需要很长的时间。我希望我所举的例子足以说明,对制度的约束和对使用同一空间的人群关系进行分析,可以显著改善生活和工作条件,从而使有关人员之间的观念差异变得更加容易接受。

圣莫尔-德福塞市交通的实用性与危害性

圣莫尔-德福塞市坐落在蜿蜒的马恩河河岸上。它被马恩河完全环绕,仿佛是一座小岛。两条连接巴黎及其郊区的交通线路穿过这座城市：一条是区域快铁（RER），它途经市中心靠近市政厅的圣莫尔公园站；另一条是 D123 省道，它在一座桥上穿过铁轨，然后从火车站前经过，将火车站与市政厅隔开，最后与东南边的 4 号国道汇合。这次的委托就发生在铁轨、区域快铁火车站和 D123 省道之间的大片空地上，这里同时也是该市的主要商业街。一个房地产开发商希望将这片区域打造成一个集住宅和商业为一体的新中心，并向市议会提交了几份提案，但都遭到了拒绝。市长的担忧主要在于噪音污染和交通风险，他更希望这是一个宁静祥和的社区，一个印象派画家们所钟爱的那种村庄。这里早晚都人满为患，而其余时间则被用作露天停车场。

融入文化

当地城市规划项目的设计需要提前考虑到项目与地方文化的融合。因此，建筑设计不仅要考虑扰民问题，还应该考虑这个地方对圣莫尔市居民的意义，以及居民对这个新区的看法。环境导致了该地区的负面形象。因此，有必要减少噪音和交通的影响，让此处成为一个宜居的地方，变为居民心中的桃花源，也就是说，设计者既要考虑到地理位置，又要考虑到生活环境。我在城市环境噪音专家让-玛丽·拉平的帮助下，[1]通过少量技术

---

① 法兰西岛大区环境与新能源局（Agence régionale de l'environnement et des nouvelles énergies Île-de-France），《管理和构建声音环境：大城市地区的噪音防治》（*Gérer et construire l'environnement sonore：la lutte contre le bruit en grande agglomération*），Paris：Arene，cahier no 6，1994 年；让-玛丽·拉平（Jean-Marie Rapin），《建筑声学：专业维护和修复手册》（*L'acoustique du bâtiment：manuel professionnel d'entretien et de réhabilitation*），Paris：Eyrolles，coll.《Blanche BTP》，2017 年。

手段消除了火车噪音,更重要的是,使公寓内部不受火车停靠时产生的次声波影响。我听从了他的建议,提出沿区域快铁轨道建造一座公寓楼作为隔音墙,一直延伸到车站大楼,以保护整个新区不受噪音影响。事实证明,行人与使用省道的驾车者之间的冲突更为棘手。通过与省道服务部门合作,我们可以对大桥出口处的道路路线稍作调整,在不造成新的交通堵塞的情况下减缓车速。而剩下的任务就是在一片宁静的空气中打造一个全新的圣莫尔。我将沿着商业街扩大圣莫尔街区的范围,并在屏风建筑旁的大型地下停车场上建造一个绿树成荫的乡村广场。在北面,我建造了一栋带有小窗并且面向铁轨的狭长建筑,消除了街区和公寓的噪音污染,但同时也带来了形象和居住方面的其他问题。这关系到未来居民的自主权。所有房间朝北的公寓都是贯通的,南立面的阳台有足够的深度,可供一家人一起享用美食。诚然,自主取决于一种内在感受,但也取决于公共生活和其他住户的目光。一方面,我打破了狭长住宅区(la barre de logements)的符号化形象,创造了不同以往的垂直建筑类型,并用两层高的山墙作为点缀,以缩小每栋建筑的视觉尺度;另一方面,建筑物围绕栽种着树木的广场,底层设有商店和餐馆,以此鼓励居住以外的集体生活(彩图 2 和图 2)。与强调降低荷载的建筑不同,我希望确保广场上的行人不会察觉到荷载问题。没有人知道香榭丽舍大道、圣奥诺雷大街(le boulevard Saint-Honoré)或圣米歇尔大街(le boulevard Saint-Michel)底层建筑的高度。商店、咖啡馆和餐厅的内部装饰完全吸引了人们的注意力,通过对空间的恰当划分,邀请人们深入商店内部而不是沿

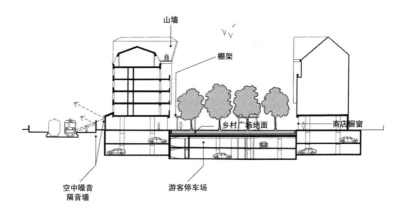

山墙

棚架

乡村广场地面

商店橱窗

空中噪音
隔音墙

游客停车场

图 2 ©埃里克·达尼埃尔-拉孔布团队绘制

无噪音广场的剖面图。树木、商店橱窗和木制棚架营造出阳光明媚的乡镇广场氛围,同时隔绝了铁路轨道上空的噪音。一个巨大的停车场隐藏在广场地面和树木之下。

着外墙向上看。这种将住宅和集体生活空间相结合的做法,使居民从踏上家门前广场的那一刻起,便具有了自主性,广场因而拥有了强烈的象征性认同特征。因此,我们的目标是在不模仿现有街区的情况下,打造一个独特的街区,增强人们对圣莫尔的想象,因为我们知道,复制是对身份的否定。所以,我试图创造一个让人联想到乡村小镇的绿林广场形象。我们将在下文中看到这一点如何实现。商店纷纷涌现,餐馆在广场上搭起露台,一种社区生活随之展开。

设计理念

在该项目中,固然融入当地文化在很大程度上指导了我的设计理念,但同样需要考虑的还有建筑形式的选择。这一选择在寻找象征性认同的过程中发挥了显而易见的作用,其重要意义既表现在该社区的新颖性上,也表现在马恩河畔居民脑海中共有的根深蒂固的城市形象上。为了使该建筑区别于郊区的大型狭长住宅区,我选择了两个灵感源。① 其一是对这座城市来说完全陌生的阿陀斯山西蒙岩石修道院,而另一个灵感源则近在咫尺,即修建于19世纪末的大型别墅,其山墙上覆盖着精美的挡雨披檐,直指马恩河。虽然建筑和住宅的平面设计图很顺利地就被接受了,立面设计却经历了多次修改,但我并没有因此放弃借鉴的想法。以修道院为参照的建筑被分割成了一个个垂直的单元,房屋表面林立的空中阳台与光滑的墙面相互衬映,它们继承了修道院的岩石材料以及特色地面,经改造后与其原型已经天差地别。马恩河畔的别墅形象也是如此。灵感源不是为了引入相似性,而是为了帮助我们从那些显而易见的事物中解放出来,因为客户的愿望和设计习惯往往会诱导我们不假思索地选择接受这些事物。不管表面上如何,灵感源并不指向某种形式,当然也不指向那些公式化的东西,而是一种关于拓扑和隐喻的模式。

　　该地区的乡村风格是基于视觉上对世界的直接感知所产生的直觉。屏风楼前的小镇广场向下延伸,在面积上可容纳地下水位以上的两层地下停车场。广场周围都是六层楼高的建

---

① 简·达克于1979年提出了"灵感源"(générateur primaire)的概念,用于描述她在英国建筑事务所的样本中观察到的设计实践。参见简·达克(Jane Darke),《灵感源与设计流程》(The primary generator and the design process),*Design Studies*,vol. 1, no. 1,1979年,第36—44页。

筑,因此与乡村小镇的建筑完全不同。我与景观建筑师贝尔纳·拉絮斯①合作,以非常简单的设计,即用一条弯曲的街道将广场分隔为两部分,将这个空间划分为两个面积不等的小树林。树木被有序地栽种在一个不规则的网格中,在地面上营造出光影效果,将人们的视线引向光的缝隙。广场的地面铺设得非常平整,这是当代城市的明显标志。但在一些地方,土地裸露出来,展现出种植树木的土壤(这与阿道夫·阿尔方[Adolphe Alphand]在巴黎人行道下方种植的树木不同,这些树木被种植在为铸铁格栅掩盖的土壤中,以便灌溉)。这种形式并不会吸引人们的好奇心,但能让人们在不经意间发现,乡村的土地就近在咫尺,在城市的人行道之下。这样的视觉元素使人直接联想到乡村。在感官层面,这是一种真实的体验,但在理性层面,却是一场彻头彻尾的骗局。树木生长在土箱中,而广场的石板下面,其实是供区域快铁乘客使用的两层停车场的中空空间。没有人喜欢地下停车场。因此,我试图给它们来个变形,就当是向使用者们致意。从毗邻主干道的街道进出非常容易,并且随时有电子监控。蓝色的灯光照亮了地下停车场的第一层,在下一层灯光变成了绿色,仿佛你正驾车随鱼群顺流而下。这是另一种表象与现实的分离,这种对立设计与我们稍后将看到的所有对立设计一样,赋予每个人脱离或不脱离当下的自由。

---

① 贝尔纳·拉絮斯(生于1929年),艺术家,巴黎国立高等美术学院教授,巴黎第一先贤祠-索邦大学造型艺术研究室创始人之一,美国费城宾夕法尼亚大学景观学教授。他因独特的景观设计闻名,尤其是对高速公路上休息区和景观的设计。

超越南锡洛博大道上廉租房的限制

20 世纪 70 年代初进行的调查显示，南锡廉租房居民的精神状态极度萎靡。① 这座城市拥有悠久的历史。从中世纪到文艺复兴时期，从波兰国王斯坦尼斯瓦夫一世（1677—1766）从事创作之时到一个世纪后的新艺术运动（l'Art nouveau）时期，也就是到这里成为一座边境城市的 1870—1918 年，其间辉煌的记忆都保留在这里。1959 年，由贝尔纳·泽尔菲斯（Bernard Zehrfuss）②在上里耶夫尔区（Haut-du-Lièvre）修建的大型住宅区，被首批入住的公务员和军人誉为一个前所未有的进步之地。25 年后，物是人非，这里已经变成了一个被弃置的地点，一个令人费解的社会住房失败的标志，每个家庭都徒劳地试图保护自己不被邻居影响。即使是在上里耶夫尔区以外的地方，住在廉租房里的南锡居民也感到自己被困在了一个他们试图谴责却无力描述的系统中。他们生活在一个卡夫卡式的，但却剥离了嘲讽感的世界里，无法想象历史或未来、城市或自然的模样。他们认为，这种系统将他们放逐到廉租房的世界，在他们的生活中，在与邻居和城市的日常关系中，这是无法弥补的耻辱的根

---

① 米歇尔·柯南，《房屋的建造》（L'invention des lieux），Saint Maximin：Théétète éditions, coll. «Des dieux et des espaces»，1997 年，第 26 页。

② 贝尔纳·泽尔菲斯（1911—1996）是 1950 年以后法国现代建筑界的领军人物，他与马塞尔·布劳耶（Marcel Breuer）和皮埃尔·路易吉·奈尔维（Pier Luigi Nervi）共同设计了联合国教科文组织大楼（1952—1958），与罗伯特·卡麦罗（Robert Camelot）和让·德·梅利（Jean de Mailly）设计了位于拉德芳斯的新兴产业与技术中心（CNIT）。他领导了 1959 年至 1963 年期间上里耶夫尔区的修建工作。

源,他们感觉被整个城市排斥在外。

设计理念

正是在这样的背景下,阿兰·萨尔法蒂于 1980 年赢得了由市政廉租房办公室发起的竞赛项目,即在洛博大道和莱恩—马恩运河(Canal de la Marne au Rhin)之间修建 150 套住宅。为了解决南锡社会住房居民所面临的深层次问题,阿兰·萨尔法蒂与米歇尔·柯南通力合作,构思出不仅能让居民生活舒适,而且能帮助他们摆脱孤独的建筑设计方案。[①] 根据对建筑科学与技术中心现有材料的最新分析[②],他们提议建造五栋不同朝向的小型公寓,每栋公寓对于面积、外部直入口和底层私人花园(位于停车场上方)都有不同的平面布局:有林荫浓郁、精心布置的公共花园;有供居民聚会的场所,那里放置了用于烧烤的长凳和开放式炉火;有金雀花长廊形式的小区入口,由于有磁卡的控制(图 3 和彩图 3),该入口在夜间依旧明亮。最后,他们从廉租房组织的主管处获悉,每位新租户都有三种不同的住房选择,这体现了对个人喜好的重视。所有这一切都是为了让住户能够拥有自己的家园,克服对邻里的不信任,逐渐融入社区乃至城市的

[①] 米歇尔·柯南在《房屋的建造》中发表了相关评论,参见米歇尔·柯南,《房屋的建造》,前揭,第 23—36 页。

[②] 雅克利娜·帕尔马德(Jacqueline Palmade),《居住的象征和意识形态系统》(*Le système symbolique et idéologique de l'habiter*),Paris: CSTB,1977 年。也可见他在图卢兹第二大学的博士论文的修订版:《居住的象征和意识形态系统》(*Le système symbolique et idéologique de l'habiter*. Thèse de doctorat, Université Toulouse-Le Mirail, 1981)。

彩图 1　从幼儿园庭院向北望
© 埃里克·达尼埃尔－拉孔布

彩图 2　© 埃里克·达尼埃尔－拉孔布

在圣莫尔的乡村广场上能听到鸟儿的啁啾。柔软的地面与火车站广场坚硬光滑的路面形成了鲜明对比。

彩图 3　从运河看建筑外立面
© 米歇尔·柯南

彩图 4　透视图 © 埃里克·达尼埃尔 – 拉孔布团队根据拉尔夫·厄斯金的项目绘制

南楼和弗雷斯卡蒂图书馆之间的隔断。

高耸的白色隔断将学生引向左边的图书馆或远处的大自然。

2007—2010 年和 2014 年法国索菲亚科技园区松林中修建的办公区：开辟空地，让水流淌
景观建筑与城市规划：埃里克·达尼埃尔－拉孔布

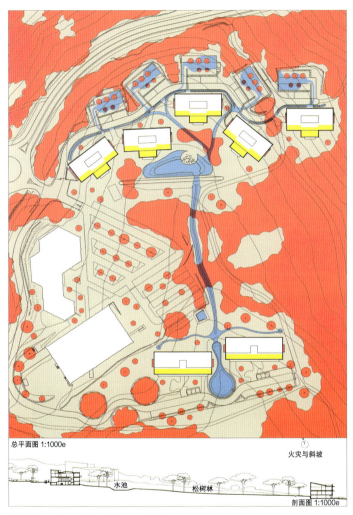

总平面图 1:1000e

火灾与斜坡

剖面图 1:1000e

水池   松树林

项目规模：3 公顷＋1 公顷 项目业主：佩里亚尔
承建：埃里克·达尼埃尔－拉孔布办公室（6550m² 和 2885m²）

彩图 5 彩色平面图 © 埃里克·达尼埃尔－拉孔布团队绘制

穆然森林办公区平面图。

通往平面图高处五栋办公楼的道路如山路般高低起伏。这样就可以收集防水路面上的
雨水，并通过森林中两条干燥的排水沟将水引入蓄水池。这个蓄水池与后来扩建的两
栋建筑旁的另一个水池相连。

彩图 6 ◎埃里克·达尼埃尔-拉孔布团队

穆然森林办公楼前的微型松树池。

为了保护森林不受大风和冲沟的侵袭，建筑群与树冠融为一体。停车场将如设计图所示种上植物，唯有蓄水池是露天的。石头围成了湖岸。半岛上栽种着矮松，在暴风雨的日子里低洼地会变成湖泊。

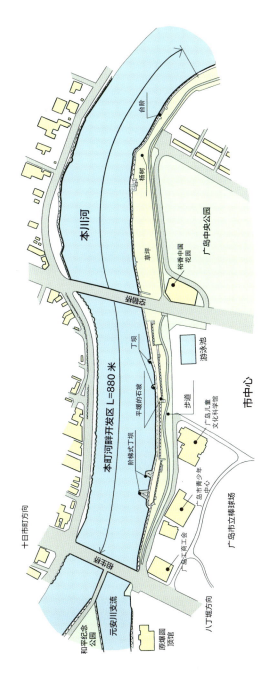

彩图 7 彩色平面图总平面图。

彩图 7 彩色平面图 © 埃里克·达尼埃尔-拉孔布团队根据中村吉夫的项目绘制

广岛左岸保护区总平面图。

从左岛的原爆圆顶馆全鞘桥外侧右侧到右侧的住宅区。河岸开发项目包括大型公共设施以及位于图片底部正在开发中的市中心。我们从上图中可以认出两座丁坝以及相生桥。漫长的步道通向一片广阔的草坪，这里是一年一度花见节的举办地。在这里可以看到这座城市古祥物的杨树。

本川河

十日市町方向

本町河畔开发区 L=880 米

丁坝

阶梯式丁坝

慈岛桥

台阶

杨树

草坪

榕香中国花园

广岛中央公园

平缓的石坡

步道

慈岛桥

游泳池

市中心

广岛儿童
文化科学馆

广岛工商会

广岛市青少年
中心

广岛市立棒球场

八丁堀方向

元安川支流

和平纪念
公园

原爆圆
顶馆

彩图 8　彩色平面图 © 埃里克·达尼埃尔－拉孔布团队绘制

2016 年 6 月洪水期间流经马特拉地区的水流示意图。

在 2016 年 6 月的洪灾中，除了深蓝色箭头标示的索尔德普通河床上的水流，还出现了一条新的河流支流，它覆盖了整个马特拉地区（红色箭头），其主河床横跨前马特拉工厂，并在 "S" 形的建筑和老人之家的三栋建筑物之间穿过整个市政花园。与马特拉地区形成鲜明对比的是地图右侧的布尔乔岛。在同样的情况下，布尔乔岛上淹没居民区的洪灾持续了数周时间，这是由于这里缺乏通往河道的泄洪通道。而我们可以看到，在马特拉地区，锅炉房（一个黄色小方块）和贝利尔门（Porte des Bélliers）之间形成了一个指向地图最上方市政厅的 "V" 字形泄洪通道。

彩图 9　彩色照片 © 埃里克·达尼埃尔-拉孔布团队

罗莫朗坦市马特拉地区三层高社会住房的北立面，朝向市政花园。

镂空的金属花架等待着植物攀援生长，将深深凹入建筑的阳台封闭起来，阳台漂浮在住宅与花园之间的隔断上方。在花园一侧，洪灾期间洪水会涌入这个隔断，届时装饰着蝶螈浮雕这一城市象征的蓝色栅栏将会关闭。这片隔断将私人与公共、物质世界与自然、干燥与洪灾分隔开。阳台在二者之间，为舒适的家庭生活提供庇护，同时通往想象中的自然世界，形成了一种对立设计。

彩图 10　彩色照片 © 埃里克·达尼埃尔-拉孔布团队

位于巴黎圣日耳曼岛的"岩石之家"办公区外立面。

沿着通往塞纳河的街道，人们可以看到办公区的外墙，它与垂直街道上的房屋外墙几乎对称。从远处看，越过底层会议室的墙壁，人们可以看到面向塞纳河的住宅区外墙，镂空的样式让人难以猜测那里的生活。

彩图 11 ©埃里克·达尼埃尔-拉孔布团队绘制

"岩石之家"伫立在庇护所，天空和塞纳河之间。

塞纳河隐藏在树林中。下方的露台标志着居住空间的边界。而露台与客厅被冰池隔开。这既是在唤醒人们对塞纳河或对洪水的回忆，也是在提醒人们可以凭意愿使洪水消弭于无形。阳光洒满露台。通过玻璃窗则直通入地面。而大玻璃窗则直通入室内。展现了室内外界限的模糊性。

天窗

天空

大玻璃窗

游泳池

露台

客厅

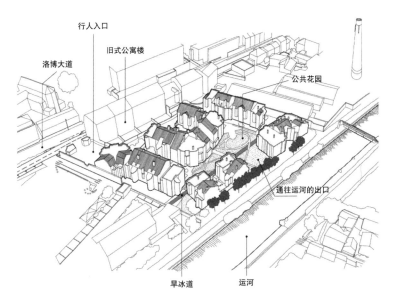

图 3 ©埃里克·达尼埃尔-拉孔布团队根据阿兰·萨尔法蒂的项目绘制
洛博村规划图,远离街道并通向南锡运河。
洛博村向运河开放,私人花园与公共场所绿树成荫,建筑和装饰风格多样,与周围环境形成了鲜明对比。在单调的旧建筑群的遮蔽下,洛博大道是人们走街串巷,与邻居碰面的好去处。

普通社会生活中。

由于南锡的社会住房居民始终感到自己被排斥在现实以外,因此该项目利用了几个不同的灵感源,以期与现实建立起一种象征性关联:比如,科尔马建筑中的色彩运用、运河对岸旧工人社区街道模式的延续、对本地野生植物的强调,或者花园入口的开放式长廊(其灵感来源于威尔士的博德南特花园)。这一方案几乎完全落实。这些建筑看上去既相似又各具特色:其中两栋公寓位于运河和公共花园之间,另外三栋则相互成直角,被私人花园之间的小路隔开,并且被低矮的栅栏围起来,以强调每栋建筑的自主性。阿兰·萨尔法蒂还在建筑外立面和阳台底部的某些区域采用了不同的陶瓷装饰，以便将彩色的光线反射到窗户上。米歇尔·柯南则在花园里设计了一条黑色沥青的旱冰道，横贯整个小区，使人联想到不远处的运河并鼓励孩子和家长外出散步，因为小区里有一个通往运河纤道的入口。这种对立的设计意在暗示人们走出社区，通向自然。

融入文化

当地的建筑师参观了这一片区，他们一致谴责这些"玩偶之家"，在他们看来，这些居民值得更好的住所，但当地的记者却对该社区赞不绝口，并在媒体上大力宣传。前来参观的居民的父母都惊叹不已，认为能在这样一个宜居的地方安家无比幸运。然而，居民听到这些议论时却往往嗤之以鼻。在长达数月的时间里他们似乎有些惊慌失措，并拒绝谈论自己的家或社区，有时会语焉不详地说，这些住房尽管表面上看起来很好，但只是廉租房，并不适合他们，所有带着矮墙和脆弱栅栏的小花园都会被邻居家的孩子毁掉。总之，他们可不会上当！① 在居民入住前，花园里已经种上了玫瑰，但阳台却空无一物。有人在阳台上摆放

---

① 计建局（隶属于城市规划、住房和交通部）为洛博大道项目提供了实验性资金支持，并希望在住户入住后进行持续一年半的观察，以评估效果。这项研究的报告是我的主要信息来源。参见贝尔纳·萨利翁和米里埃尔·佩克·克莱纳的《南锡洛博的社会学监测》（Bernard Salignon et Muriel Pekot Kleiner. *Suivi sociologique de la Rex Lobau à Nancy*. CSTB/Plan Construction，s. d.）以及米歇尔·柯南和贝尔纳·萨利翁的《构成差异：南锡洛博大道上的住房》（Michel Conan et Bernard Salignon. *Composer les différences*：*Les logements du boulevard Lobau à Nancy*. Plan Construction. Paris：Ministère de l'Équipement，1987）。

了花盆,楼下有花园的邻居意识到他们也可以种花。这一切就像滚雪球。居民们察觉到这里有一片公共区域,开始在这里聚会并成立了一个协会。他们还发现这些住房的户型各不相同,有的有大厨房,有的有大客厅或卧室,原则上他们入住前应该在三种不同类型的住房中进行选择。他们决定瞒着廉租房管理者,自行组织换房。但深思熟虑后,没有人提出交换,毕竟每个人都对自己的住房感到非常满意!他们选出了一位主席,他指出,这个社区似乎是为中产阶级设计的,中产阶级会将自己的社区与其他人隔绝开,但他们既然不是中产阶级,那么就应该让社区向邻居们开放。首先,他们邀请邻家的老人们品尝下午茶,然后邀请幼儿园的孩子们在大孩子上学时来花园玩耍。接着,他们决定在德国购买更多的树木来改善社区环境。最后,他们邀请市政办公室主任参加社区的第一个周年纪念活动,觥筹交错间向他表示祝贺并详细列出他们对改善社区环境的期望。居民由自我封闭、敌视邻居、感觉被社会住房机构压垮,转变为能够采取集体行动,掌握自己的未来,包括与廉租房管理者进行谈判。

首先需要强调的是米歇尔·柯南和阿兰·萨尔法蒂在促进社区活力方面未能预料到的事情:当地建筑师与记者之间的论战使得居民对社区的建筑进行审视,以及在住户中间出现了一位非常了不起的并且当选为居民委员会主席的人物。米歇尔·柯南在他的著作《房屋的建造》(1997)中,描述了居民的反应如何使他放弃了与阿兰·萨尔法蒂对该项目提出的最初设想。事实上,居民与建筑之间产生了化学反应,我们可以从中汲取一些经验教训,以了解建筑如何促进共同文化的形成。
首先,住房的设计考虑到了家庭的需求,尽管廉租房管理规定
限制了建筑面积,但每套住房都有自己的优势。这就解释了,
为什么居民在有机会选择的情况下也不愿意更换住房。但这
并不能解释为什么他们能够克服对邻居先入为主的不信任,并
采取集体行动。观察者能清楚地看到,当地的争论只是增加了
社区建筑的神秘色彩:为什么一个社会住宅区看起来像是富人
公寓?欢快的色彩和闪亮的陶瓷镶嵌有何意义?建筑师为什
么在阳台下铺设蓝色瓷砖?当街道没有公共照明时,通过在夜
晚被点亮的栅栏长廊进入小区有何深意?居民们清楚地意识
到,他们无法理解这一套美学符号系统的含义,用菲利克斯·
伽塔利(Félix Guattari)的话来说,这是一个"无能指符号"
(sémiotique a-signifiante)①的范例。一旦他们开始相互交谈,
并意识到建筑师对他们的照顾,他们就会开始留意可能的善
意。由于这个系统没有任何意义,所以他们便创造意义。他们
从中看到了地中海俱乐部②庄园里假日、大海和阳光的呼唤,
这标志着一种文化和共同生活意识的诞生。为了彰显这种蜕
变,他们将该社区重新命名为"洛博村"。需要强调的是,居民
的集体行动能力是建立在他们感受到建筑师对他们的关心之
上的,并且由于住宅为居民提供了集体庇护所,他们能够认同

---

　　① 吉尔·德勒兹(Gilles Deleuze)、菲利克斯·伽塔利(Félix Guattari),《卡夫
卡:为弱势文学而作》(*Kafka*,*pour une littérature mineure*),Paris:Minuit,1975
年,第12页。
　　② 地中海俱乐部(Club Méditerranée)是一个大型旅游度假连锁集团。——
译注

这个集体，意识到集体的价值，在面对社区以外的主体时采取自主行动。这种建筑既提供庇护，也允许逃避，它给予了居民一个开放式庇护所。

斯德哥尔摩大学弗雷斯卡蒂校区的
人文主义与官僚主义之争

1960年，斯德哥尔摩大学举办了一次国际建筑设计大赛，目的是在前皇家猎场旧址上建造新校区，现如今那里只剩下皇家农学院的几栋老楼。经过一番激烈的争论和角逐后，瑞典建筑师大卫·海尔登（David Helldén）①于1963年接受委托修建了第一批教学楼，名为"南楼"（Södrahuset）。南楼由六栋相似且平行的八层建筑组成，并由一栋230米长的三层建筑连接，在校区南部形成一个梳状结构。大学的学生和管理部门认为，这座建筑是瑞典社会官僚化蔓延的不幸结果。1968年，斯德哥尔摩市中心发生的反技术官僚城市斗争在瑞典史无前例，在人们心中留下了深深的烙印。1973年，当有人提出要重启这一项目，打造一座将图书馆和学生公寓相结合的建筑时，大学认为没有必要遵循海尔登的计划。大学请来了多位建筑师，并就他们提出的方案组织了公开的展示会。学生们惊讶地发现，拉尔夫·厄斯金善于倾听各方的不同意见，因此给予了他高度评价。拉尔夫·厄斯金明确指出，建筑的意义并不在于复现公共机构的标准和规定。

---

① 大卫·海尔登（1905—1990）是瑞典建筑界的重要人物。他与皮特·海恩（Piet Hein）合作设计了现代斯德哥尔摩城市的地标性建筑——赛格尔广场。

设计理念

　　拉尔夫·厄斯金在认真听取了学校各方的意见并征得他们的同意后,提议将学生公寓项目与图书馆项目分开。1979年至1981年间,他首先在前农业学院博物馆,后被改造为大学食堂的"山居楼"(Lantis)旁,修建了第一栋学生宿舍"众人之家"(Allhuset)。学生会实际上是一个非常强大的官方组织,负责管理这栋公寓、食堂和学生宿舍的活动。随后,在1981年至1983年间,他在离南楼尽可能近的地方修建了图书馆。图书馆被设计为一个独立的单元,通过一条长廊与南楼底层的教室相连。大学图书馆面临的使用问题在很大程度上是用户看不到的。它必须不断选择、采购、接收、编目和提供新书,而其用户根本没有机会介入到这项工作中。一本书在图书馆内部经历的轨迹,从进入订购目录到可供读者使用,为图书馆项目提供了不可替代的设计指南。弗雷斯卡蒂图书馆简单而有效地解决了这些问题。然而,在图书馆的日常使用中,查询、阅读和工作空间也会因为使用者的不同期望而产生不同的问题。例如,需要来回走动、查阅资料或讨论小组作业的学生,与那些希望专注于自己工作、追求绝对安静的人之间的矛盾;或者,同一人在不同时间内(如专注阅读时与放松休息时)需求不同的矛盾;此外还有阅读空间(和官僚主义式的单调教室相比这显然更为理想)多样化与读者要在偌大的图书馆中寻路之间的矛盾。

　　图书馆的平面呈正方形,面积为84×84平米,共有四层(中间两层为阅览室)。该平面又被几条中轴线划分为四个正方形,其中一个正方形的凹陷处使周围几间阅览室朝向一棵美丽的大树,再向外则是古老狩猎场的景观。剖面图则展示了喧闹的活动区与安静的阅读区如何被分隔开:它们分别位于两个独立的楼层,通过一条覆盖着玻璃罩的楼梯连接。其他设计图显示了厄斯金如何根据不同的空间使用方式开发出对应的形式:在所谓"小隔间"中完成小组作业和个人作业,在室内庭院休息,在书架间走动并寻找书籍,在向自然开放的不同空间中阅读,以及在室外沐浴阳光并享受片刻的小憩。因此,他利用在六米方格上的自由平面布局和不同立面朝向,实现了室内空间的多样性,既有利于使用者集中精力,又便于他们变换视角。这就给室内空间带来了真正的复杂性。然而,让学生能够四处走动并轻松找到方向,而且能够直观地了解自己所处的位置和行动路线,这才是最理想的。为此,他为图书馆设计了一条可以勾勒出内部空间的主轴线,使其与屋顶的一条水平轴线相连接,从外部也可以轻松辨认出来。这条流通轴线基本上将西面的员工区和东面的阅读区分隔开。它沿着三个凹陷造型通向第二条垂直轴线,将自然光引入图书馆核心区域。凹陷部分与建筑其他部分之间的不对称设计有助于确定方向,但在被书架格挡的复杂空间中,这是远远不够的。因此,他根据书架的朝向,以两种不同的方式设计了入口层和上层的阅读区:入口层以花园和大树为中心,上层阅读区则围绕着三个形状各异的庭院展开。

融入文化

　　作为咨询过程的一部分,厄斯金鼓励参与项目的大学各方代表,就技术、气候或美学等方面的主题展开激烈讨论,以便从不同视角出发,了解他的设计能否满足用户的期待。图书馆取得了巨大成功,以至于技术大学的学生会从市中心乘坐地铁前往图书馆工作。一出地铁站,沿着人行道往南楼走,就能看到一条机械通风长廊,它在图书馆的内轴线上形成了一条明亮的空中轴线。离开"众人之家"后,在右侧可以看到教学楼身后南楼的水平长窗。图书馆本来应该与教学楼相连,然而,最终还是保持了一种开放的形式。厄斯金选择将图书馆与教学楼完全分离,既确保了图书馆在形式上的自主性,又保证了它与南楼建筑在象征意义和功能上的联系(图4)。为此,他设计了一条能够覆盖两栋建筑之间空间的高空长廊,其底层成为了一个会面和休息的区域,而上层则建立了一个用于传递教师订购的书籍的流通机制。选择这个位置可以达到将南楼的可见长度减半的效果,但最重要的还是在两个功能性极强的空间之间创造了一个没有实用目的的隔断。如果不算几年后厄斯金修建的奥拉·马克西玛(Aula Maxima)大型阶梯教室,这个巨大空间的占比超过了所有可用教学空间,教室中央矗立着一座基座与视线齐平的小雕像:那就是托尔斯滕·伦奎斯特(Torsten Renqvist)①创作的青铜袋鼠。这个几乎像人类一样直立的缩小版袋鼠模型立即成为了学生们的聚集点,它在学科研究的束缚和心灵自由之间,在现实原则和梦的召唤之间,扮演着摆渡者的角色(彩图4)。值得注意的是,弗雷斯卡蒂图书馆后来又添置了其他艺术

---

① 托尔斯滕·伦奎斯特(1924—2007),瑞典艺术家、画家和版画家。

品,其中包括两件伦奎斯特的作品。图书馆的另一个维度,即它
与自然的紧密相连,使它成为了瑞典当代文化的一个重要组成
部分。图书馆的设计具有双重含义:构成图书馆的方形棱柱似
乎在一棵参天大树面前恭敬地后退,这棵树是如此巍然地屹立
在主阅览室的读者眼前。而反过来,这种设计也在邀请读者抬
头仰望这棵大树,并且欣赏更远处斯德哥尔摩皇家城市公园
(Norra Djurgården)的流动景观。这不仅仅是一种视觉文化,
更是一种多感官关系,图书馆西立面的大型日光浴场和馆外的
树影婆娑都强调了这一点。

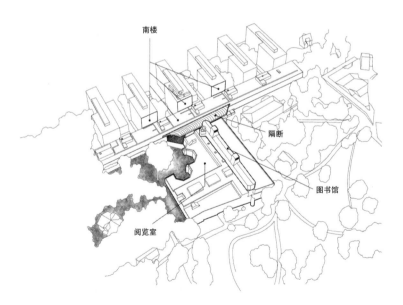

图 4　©埃里克·达尼埃尔–拉孔布团队根据拉尔夫·厄斯金的项目绘制
鸟瞰位于斯德哥尔摩的南楼和弗雷斯卡蒂图书馆。弗雷斯卡蒂图书馆与南楼教
学楼之间有一条高耸的隔断,图书馆为学生提供了一个远离课堂、回归自我的庇
护所。而从阅览室的巨大凹陷处透过窗户向外看则是一片繁茂的树木,给人以
遁入自然之感。

自然灾害的视野

人们在旅行时不会考虑自然灾害或意外事故。但建筑师却和汽车、飞机制造商一样，不得不担心这些问题。他们当然不是孤军奋战，因为气候变化的影响已经在地方层面以及国际社会层面拉响了警钟。接下来将谈到的几个例子，包括我负责的三个项目和另一个在广岛的精彩项目，强调了建筑在这方面发挥的重要作用：建筑能够让居民意识到他们身处自然之中，了解由此带来的风险以及他们应对风险的能力。

穆然森林面临的火灾和洪灾风险

穆然镇位于戛纳以北一刻钟车程的地方，许多现代艺术家，从费尔南德·莱热到巴勃罗·毕加索，都曾常年在此居住。此外，高尔夫球场和周围壮丽的山林也让这座城市引以为豪。这里的森林吸引了众多徒步爱好者，但与所有蔚蓝海岸的森林一样，它们经常遭受火灾的侵袭，并且暴雨的冲刷会导致洪水泛滥，有时会给居民区带来致命的灾难。这种情况在尼斯-戛纳-曼德（Nice-Cannes-Mandelieu）盆地尤为严重。例如，2015 年 10 月 3 日晚 7 点至 10 点的三个小时内，戛纳降水量达到了 180 毫米，曼德-拉那普勒（Mandelieu-la-Napoule）降水量达 159 毫米，比奥特（Biot）附近的瓦尔邦讷（Valbonne）降水量达 100 毫米，造成 20 人死亡和数百万欧元的经济损失。[①] 至于森林火灾,1982 年至 2012 年间,仅在尼斯就发生了至少 328 起火灾,受灾面积达 570 公顷。

设计理念

在该地区修建办公楼会使人员和财产暴露在这些自然灾害面前,并导致森林遭到破坏、山坡出现冲沟侵蚀、土壤吸收雨水的能力下降,从而增加灾害风险。一位曾在穆然建造了两栋办公楼的开发商在坡地森林中拥有 10000 平方米的剩余建筑权,该坡地位于一个高尔夫球场上方,被一片黑松林覆盖,有冲沟侵蚀的迹象。市长并不赞成在这里进行建造,但他无权反对,因此他希望至少这些建筑能够符合穆然作为普罗旺斯村庄的形象。在受委托给出一个建筑方案时,我与镇里各部门、消防队和国家森林局(ONF)一起展开了创造性评估[②]。在选择建筑地点时,我们首先考虑的是必须尊重斜坡下主要的自然水流路径。随后,我们又研究了如何在保障森林健康的情况下,尽可能少地砍伐树木;如何为建筑施工留出空地,以减少人工空地边缘导致树

---

① 萨米埃尔·洛朗,《洪灾:6 个问题和 4 张地图了解损失程度》,《世界报》,[在线],2015 年 10 月 5 日,www. lemonde. fr/les-decodeurs/article/2015/10/05/inondations-six-questions-et-quatrecartes-pour-comprendre-l-ampleur-des-degats_4782895_4355770. html,访问日期:2017 年 8 月 23 日。

② 这种做法的灵感来自贝尔纳·拉絮斯教授对景观的创造性分析,以及我与米歇尔·柯南共同展开的对建筑和公共政策的建设性评估。我在第四章中将给出相关定义。见贝尔纳·拉絮斯的《景观方法》(Bernard Lassus. *The landscape approach*. Philadelphie: University of Pennsylvania Press, 1998),尤其是第 57—58 页,以及米歇尔·柯南的《建设性评估:理论、原则和方法要素》(Michel Conan. *L'évaluation constructive: théorie, principes et éléments de méthode*. La Tour-d'Aigues: Éditions de l'Aube, 1998)。

木倒伏的乱流；以及如何确定这些空地的位置，同时减少砍伐树木的数量。该项目因此被限定为五栋建筑，每栋建筑面积为1500平方米，其尺寸应该比照树木的高度。我们制定了一份总体规划，并提供了不同的道路出入方案，这些方案还考虑到了消防车的技术要求，包括车辆能够掉头等等。有两个灵感源引导着进一步的创造性评估：其一，通过一条让人联想到山路的辅路来加强地势的起伏感，辅路的坡度要顺着自然地面高低起伏，并与建筑土地分开；其二，让建筑物在视觉上漂浮于自然地面之上。道路位于建筑物与游客和员工停车场之间，尽可能方便解决日常使用问题（彩图5）。此外，还可以用同样数目的新树代替143棵被砍伐的树木，将停车场改造为一片林区。更换被砍伐的树木是一项法律义务，但遗憾的是，这项义务并不总能得到遵守。停车场修建在场地的最高点，从防水地面、道路和屋顶汇聚起来的雨水形成了一个短暂的景观项目：下雨天，径流会从四面八方聚集到场地下方的沉淀池中。该沉淀池符合在降雨地储存所有雨水的法规要求。沉淀池通常被隐匿在人们的视线范围之外。但我们却反其道而行之，选择将其以另一种形式呈现（彩图6）。这个沉淀池在一年中的绝大部分时间都是干燥的，但一到下雨天，水流就会顺着地面上预设的干燥排水沟流入沉淀池中。雨后，它便成为了一个池塘。我们建造了一个半岛，并在上面种植了矮松，就像日本人喜欢的微型花园一样，这让池塘看起来仿佛一个湖泊。园林景观起到了过渡干湿空间的作用，既有设计感又有野趣，让人联想到洪水泛滥的风险，以及一旦发生森林火灾，松树被大火吞噬的场面，同时也是员工们同欢共乐的载

体。它在提醒我们注意自然风险存在的同时，也让我们对危险
有了一种想象中的掌控感。

融入文化

　　尽管有一些讽刺性的评价，但这里俨然已经成为员工们最
喜欢的聚会场所。工程委员会还在这里放置了野餐用的桌子和
长凳。这种由消极空间向森林观景处的转变基于一种神秘感的
浮现：从办公室的阳台俯瞰森林，这片种植在空地上的矮松林被
一片更为壮观的松林环绕，看起来像是一种经过了精心设计但
又难以理解的创造。这样的转变使人们开始仔细观察周围的松
树，注意雨水和地面上的径流。这当然不是与自然亲近的唯一
目的。就像弗兰克·劳埃德·赖特希望生活在屋顶下的"优仙
丽亚"居民，能够仿佛置身在大草原上。在穆然，除了办公活动
的特定功能，该项目还希望展示这座山林的风貌：道路形成了一
条宽阔而蜿蜒的上下坡通道，停车场林木葱郁，通往办公室的小
路沿着干燥的雨水排放沟渠延伸，办公楼朝向斜坡或南面的宽
敞阳台如木筏般漂浮在树冠上，建筑物之间的小路沿斜坡通往
松林中心的野餐区，所有这些设计都以各自的方式吸引着人们
关注随四季变换和天气变化而跳动的森林的脉搏。当你从山脚
迈步前往办公室或停车场时，建筑物长长的阳台仿佛一个个沉
重的高空吊篮，漂浮在树荫之中。这种去物质化建造旨在加强
山的存在感，将人们的视线引向地面，观察水流的痕迹，或者引
向松树上的鸟儿。办公室本身就是一个世界，是一个包裹着烦
恼的气泡，将你困在其中。无论你在车里，还是在家里，烦恼总

是如影随形。而我们希望人们能将烦恼暂时搁置,鼓励大家以新的形式共同关注自然。员工、游客和建筑物的所有者都响应了该项目的倡议,住进了松树林里,并以植物装点山墙,仿佛要将办公室以及办公室生活融入森林中。

暴露在洪水风险下的广岛

　　日本广岛市坐落在流入太平洋的太田川三角洲形成的岛屿上。[①] 因此,广岛暴露在肆虐菲律宾、日本、中国台湾和大陆沿海的台风之下。这座城市一直延伸至河岸,而每次台风过境都会将河岸淹没。该市的工程师已经证明,如果台风过境时恰逢涨潮,市中心三分之二的区域都会被海水淹没,这将造成自 1945 年 8 月 6 日以来的最大灾难。为了应对这种情况,港务局的工程师们将河岸改造成几米高的光滑混凝土防御墙,这不仅加快了水流下降的速度,同时也加快了其上升的速度,因此一旦海水漫过堤坝,洪水的威力会成倍增加。

设计理念

　　这些现象众人皆知,但港务局的努力似乎反而增加了发生大规模自然灾害的风险,在应对不及之时或许会出现大量人员伤亡。广岛市市长对这一严峻的前景感到担忧,他于 1979 年向

---

　　① 关于城市及其河流关系的介绍可见:菲利普·佩尔蒂埃(Philippe Pelletier),《广岛:三角洲之城》(Hiroshima, ville delta),*Revue de géographie de Lyon*,vol. 65, no 4, 1990. Villes et fleuves au Japon et en France,第 290—299 页, DOI:https://doi.org/10.3406/geoca.1990.5747。

东京工业大学土木工程教授中村吉夫（Yoshio Nakamura）[1]寻求建议。中村教授首先根据两种诊断方法进行了创造性评估，即对河岸的传统保护措施的考古研究，以及对当地居民与河流关系的调查。研究过程中他发现了与现代保护技术正好相反的、旨在减缓河岸水流流速的古代丁坝，并强调了广岛人对河流漠不关心的事实。尽管早在 17 世纪（江户和明治时代），日本人就在城市中创造了一种沿河漫步的文化，歌川广重和葛饰北斋创作的墨田河沿岸浮世绘便证明了这一点，这条河流穿过东京东部的浅草区、两国区、日本桥和筑地，一直流向海湾。[2] 他的结论是，现代保护技术除了带来灾害风险，还阻碍了日本人与自然和河流和谐共处这一传统的延续。受这些观点的促使，他设计的项目在力求减缓台风期间水位上升速度的同时，全年向漫步者们开放。在中村教授接受了市长的委托之后，该项目于1997 年顺利竣工。自河岸扎进河水的丁坝激发了他的灵感，他打算将这些丁坝改造成岬角，这样游客就可以走上前来坐在河水中央，以一种双重视角审视大自然，审视人与自然的历史。

　　分析为设计提供了指引，而设计是对现有文化的反思性回顾。因此，分析能够像处理技术、历史或美学问题一样，处理日常生活中的问题，并提出人们意想不到的建议。堤坝可能成为

---

　　① 中村吉夫出生于 1938 年，是东京工业大学的教授，因擅长处理环境和社会层面的关系而闻名。2003 年，他因设计和修建东京北部茨城县的古河公园（parc de Koga）荣获联合国教科文组织的梅莲娜·梅尔库丽大奖（le prix Melina Mercouri）。

　　② 参见若瑟兰·布基亚（Jocelyn Bouquillard），《十九世纪风景版画的出现》（*L'avènement de l'estampe de paysage au xixe siècle*），http://expositions. bnf. fr/japonaises/arret/08. htm。

城市生活的障碍。中村根据他对日本城市生活习惯的了解,提出了有利于新的集体生活形式出现的各种规划布局。让我们举两个例子:其一是对广岛和平纪念馆(或称原子弹爆炸纪念馆)馆前河畔的规划;其二是对下游大片草地的开发。① 中村将纪念馆正对面的太田川河畔修建为阶梯状,以便游客面朝河流席地而坐。在稍远的下游地区,为了减缓水位上升的速度,他修建了相对较低的砖石墙,其顶部是一条步行道和连续的平面,最后连接到一大片草地,这样做的目的是吸收台风投射到砖石墙上方的部分海波能量,同时也为漫步者提供一片宽阔的休闲区。每次台风过后,台阶都会被海浪卷起的沙子覆盖。这种风暴的痕迹总能吸引路人的注意,并引发他们的思考。这两项提议都是技术分析和对日常生活反思的凝结,就像在梦境中创造的作品。这是创造性评估希望达到的理想效果。它创造了一个过渡性对象,通过这个对象来想象驯服风险的可能性。减慢水流流速的丁坝被设计成了矛盾的载体:它既是为未来提供保护的水利工程,又是被遗忘的过去的标志,终于被人们重新发现。每当游客坐在丁坝上,这种矛盾就会显现出来(图 5)。丁坝同时也可以让游客在河流中干足前行。当你漫步河岸时,目之所及带来了一种朴实的个人愉悦。这更是一处展现利他主义的情感场所:8 月 6 日晚,也就是原子弹在几百米外爆炸的那天,广岛人民在河里投放了点燃的河灯,它们是呼吁和平的信使。个人愉悦与集体情感、当下的安全与未来的风险,这一切都被纳入整体

---

① 广岛工业振兴馆顶部的圆顶废墟保留着 1945 年 8 月 6 日在相生桥上空发生原子弹爆炸的记忆。

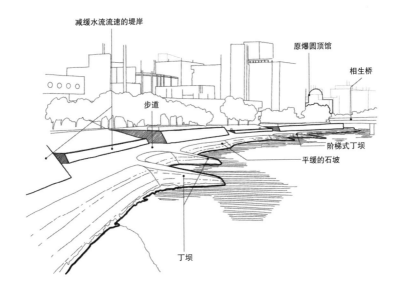

减缓水流流速的堤岸

原爆圆顶馆

相生桥

步道

阶梯式丁坝

平缓的石坡

丁坝

图5　©埃里克·达尼埃尔-拉孔布团队根据中村吉夫的项目绘制
从空鞘桥(pont Sorasaya)向原爆圆顶馆方向望去,可以看到丁坝和新的河岸。
设计新河岸线的目的是让海浪在缓坡上流动,从而减缓海浪的速度,而行人也可
以在非台风期间通行。旧的丁坝有助于减缓水位上升,行人可以置身河流之中。
背景中可以看到原爆圆顶馆。

设计当中,正因如此,人与自然的象征性接触才成为可能。该项
目并没有在建筑现场重建丁坝或是原子弹纪念碑,但却通过创
造多个让人们沉浸在静默中的场景来增强它们的存在感。然
而,河岸上最具独创性的举措并不是这些过去的痕迹。中村将
过去的棚户区改造成了草地,那里曾零星长有几棵杨树。出于
总体安全考虑,港务局原则上要求砍伐河岸上的所有树木,以防
止它们一旦被海浪连根拔起,就会成为冲击下游的破坏性力量。
中村却希望保留这些树木,以便在城市中留下一些历史和自然
的痕迹。经过激烈的讨论,他最终只保留了其中一棵。这件事

传开后，这棵树得到了一些人的追捧，其中包括一些 DNA 解密专家，他们在日本各地展开调查，希望重建这棵树的基因谱系（彩图 7）。

融入文化

一天，一场暴风雨将这棵树刮倒在地。它的崇拜者们立即行动起来，聘请了一名起重机操作员，将它重新扶正，并在周围栽种了一系列嫁接植物以保存它的 DNA，还用低矮的防护栅栏将整棵树围了起来。就这样，广岛开始书写人与自然关系史上的新篇章。整个项目旨在保护城市免受洪水侵袭，并欢迎城市居民前来探索河流及其沿岸。这样的部署邀请步行者在水边驻足停留，在草地上躺下阅读、小憩或放风筝，既鼓励游客探索潺潺流水，也邀请他们追随风的律动。但是，这个世界并不是一成不变的。自从有人在这里栽种了一片樱花树林（我将在下文谈及此事）并对杨树进行了修复之后，越来越多的游客来到这里，新的世界正等待着人们去探索。河岸的开发催生了新的城市文化形式。纪念碑前的台阶一直延伸至河水中，而且可以通往丁坝，鼓励人们与河流建立一种新型关系，尤其是在 8 月 6 日这天的夜晚，即原子弹爆炸周年纪念日。为此而聚集起来的人潮改变了纪念活动及其文化意义。根据佛教传统，将点燃的蜡烛放在漂浮于水面的小纸船上，代表了对未能入土为安的死者灵魂的关怀，而坐在台阶和丁坝上的数以千计的日本人则更新了这一传统，使之象征人们对世界和平与普遍放弃使用核武器的希望。

一位慷慨的捐赠者在草地最高处种植了一片樱花树林。从第一个春天开始,散步的人们就可以欣赏这些蕴含着丰富日本诗意记忆的樱花。很快,花见节的传统又恢复了,人们在盛开的樱花树下昼夜不停地欢庆春的回归,这吸引了大量的人,随之而来的是走街串巷的小贩……

年复一年,游客数量不断增加,招揽了越来越多的商家和协会。原本短促的节日已经发展成一种新的城市仪式,庆贺城市与河流的美好结合,这与夜间祈祷和平的仪式形成了鲜明对比。新文化形式的出现并非偶然。多年以来,安全措施总是将广岛居民与河流分隔,因此让每个人都能亲近河水,在河畔休憩,体现了对居民的关怀。市政府支持的这一建筑项目让广岛居民体会到了政府的良苦用心,反过来,他们也表达了对广岛过去居民的缅怀,甚至是对全人类的关切之情。减少和吸收冲击城市的海浪能量的技术项目不仅保护了城市,为居民提供了新的散步长廊,同时也带来了居民与自然接触的新形式。日本与河畔漫步的关系源于一种相对较新的城市传统,可以追溯到 17 或 18世纪。由于现代堤坝致使河岸无法通行,广岛的漫步文化也就在不知不觉中消失了,成为了狭隘的土木工程概念的附带牺牲品。因此,太田川沿岸的复兴并不是一种突发奇想,而是古老文化的当代变奏。将河流视为对抗核威胁的盟友,将杨树视为捍卫行动的发起者、个体历史的承载者,这些都是意料之外的对传统自然态度的转变。这些转变尤其引人注目,因为它证明了,以保护自然免受干扰为宗旨的建筑项目开发能够使人们对自然产生新的积极态度。

面临洪水风险的罗莫朗坦市马特拉工厂

罗莫朗坦市的发展依托流经索洛涅地区(Sologne)的谢尔河支流——索尔德河(Sauldre)。早在 18 世纪,这条短小的河流就以洪水泛滥、难以预测闻名。1770 年,河水突然上涨 10 英尺(约3.25 米),"几乎淹没了马林岛(lsle Marin)和布尔乔岛(Bourgeau)"[①]。19 世纪时,纺纱厂雇佣了 2000 多名员工。在世纪之交,纺纱厂老板本杰明·诺尔芒(Benjamin Normant)将工厂集中在位于市中心、圣·罗奇(Saint-Roch)街区和索尔德河支流之间的建筑群中,该区域位于布尔乔岛和马林岛对面,经常遭受洪水侵袭。这些建筑(1902 年)和具有纪念意义的大门(1900 年)采用钢筋混凝土工艺建造而成,1969 年马特拉工厂从破产的诺尔芒公司手中买下了这些建筑,2003 年马特拉工厂关闭,这些建筑也被列入历史古迹保护名录中。市政当局成为了它们的所有者,但由于缺乏投资者,这些建筑和场地一直处于闲置状态。考虑到对历史古迹的保护和经常性的洪灾,想要将这块工业荒地改造成市中心住宅区的扩展区,在经济上似乎是不可能的。

融入文化

从历史保护的角度看,保留所有工业建筑是可取的,但市

---

① 弗朗索瓦·勒孔特·德·比耶夫尔(François Leconte de Bièvre),《对罗莫朗坦市镇的历史和批评研究》(*Recherches historiques et critiques sur la ville et le comté de Romorantin*),手稿写于 1770 年左右,由于埃·德·弗罗贝维尔于 1784 年修订和补充,[在线],www. villeherviers. fr/wp-content/uploads/2020/11/Les-grandes-eaux-de-la-Sauldre-min. pdf,访问日期:2023 年 3 月 13 日。

政厅既无法确保保护,也不能进行开发。从房地产投资者的
角度看,他们不可能承担清除工业用地污染的责任,由于现有
用地面积的限制,也不可能遵守洪水风险地区的建筑新规
定①。因此,必须打破僵局,就可能实现的目标达成共识。凯
斯汀·萨赫林-安德森(Kerstin Sahlin-Andersson)②指出,建
筑竞赛能够发挥决定性作用,它在公共参与者和经济参与者
之间提供了一种重新洗牌的可能性,从而改变了利害关系。③
但更多的情况是,竞赛被重新定义,能够打破僵局的项目被放
弃。我认为,组织有关各方进行磋商是一个好主意。但我不

① 索尔德河洪水风险预防计划(PPRI)制定于 2004 年,并于 2015 年获得批
准。该计划规定在 B2 级蓝色区域(马特拉区项目所在地的分区)内,新的住宅建筑
的修建必须符合以下规定:"住宅建筑及其附属建筑的占地面积应尽可能小,最多不
超过相关区域内土地单位表面积的 20%。单户住宅的可居住层必须高于最高水位
线[PHE]。对于集体住房,所有住宅的第一层可居住层必须高于最高水位至少
0.20 米。"(索尔德河 PPRI,法规,第 48 页)

② 凯斯汀·萨赫林-安德森(生于 1954 年),瑞典经济学家,乌普萨拉大学公
共事务管理学教授,瑞典皇家科学院第三副院长。她发表过一份关于斯德哥尔摩国
际曲棍球球形体育场项目的分析报告。参见凯斯汀·萨赫林-安德森,《80 年代的
球形体育场项目》(*Globen-ett 80-talsprojekt* [Le Globe, un projet des années 80]),
电子书,Stockholm:Uppsala universitet, Företagsekonomiska institutionen Stock-
holm Metropol,1989 年。也可见《不可思议的战略管理:组织项目的集体探索》
(*Oklarhetens strategi. Organisering av projektsamarbete* [Conduite stratégique
dans l'impensé: organiser l'exploration collective d'un projet]),Lund:Studentlitter-
atur,1989 年。

③ 凯斯汀·萨赫林-安德森,《决策过程的复杂性:实现或阻止重大项目的实
施》(*Beslutprocessens complexitet*:*At genomföra och hindra stora project* [La
complexité du processus de décision: accomplir ou empêcher de grands projets]),乌
普萨拉大学博士论文(Thèse de doctorat, Université d'Uppsala),1986 年。引自米
歇尔·柯南、卡纳·比尔塞尔(Cana Bilsel)、斯坦·格罗马克(Sten Gromark)、埃里
克·詹特森(Erik Jantzen),《建筑师:市政当局城市形态重建的参与者》(*Les archi-
tectes, acteurs du redéveloppement des formes urbaines dans les municipalités*),
Paris:CSTB-Sciences humaines,1996 年。

得不承认,没有一个地方机构有能力成立一个集体项目管理机构。面对洪水风险或历史遗迹的保护,市长有其责任,省市和国家当局有其权力,而财务参与者则有其自由。因此,我小范围地征求了意见并分别会见了各利益相关方,请水利工程公司,即格勒诺布尔水力研究与应用协会(SOGREAH),提供专业意见,根据对建筑物选址与洪水时水位涨落之间关系的水文研究,协商修改该地区的建筑法规。我介绍了相继展开的几项计划——土地规划、建筑布局、材料选择、当地所用砖块的颜色,甚至还考虑了对当地建筑的借鉴。争论的焦点集中在经济、技术和美学上。我想在此强调的是,正是这些连续的计划产生了多种可能性,才能清除一个又一个障碍。因此,这是一种与建筑设计竞赛相反的方式,建筑师在竞赛中只需提出自己的观点,而不是进行协商,但在这里,项目程序的启动涉及相互独立的参与者,他们在这一过程中互相认可,共同勾勒出可能的城市发展文化。市长、副省长、法国建筑师协会和开发商共同组成了一个非正式的管理机构,这为项目奠定了基础,该项目分为几个阶段,并根据我的建议以及市长和政府部门的决断持续调整。

　　有两个方面的意图赋予了该建筑项目与众不同的特点,并在项目管理中发挥了核心作用:首先是保护与风险的辩证关系,其次是展示场地的河流特征。这两者都有助于形成一种充满活力的居住文化,这与上文提到的管理机构文化截然不同。该项目旨在降低风险,同时也让人们看到风险。原因很简单,风险是不可避免的,因此必须让居民能够决定如何行事,并在水位上升时有时间和空间采取必要的行动。我们选择抬高住宅,将停车场设在地下,加高道路以便洪水来临时居民能够进入房屋,在一楼建造消防船停靠平台,旨在在洪水超过百年一遇的洪水水位50%的情况下,保证居民能够安全避难。但是,避难也意味着封闭。因此我们必须将避难和逃生结合起来,使两者相辅相成。此外,住宅的设计在让居民了解街区和河流历史的同时,也需要让他们意识到河流的存在及其泛滥的可能性。所有这些特点结合在一起,便形成了一种开放式庇护建筑。我们希望在不强行设定主题的情况下,使想象力自行发散,让每个可能忽视风险的人都有驯服风险的时间,勾勒出人与自然接触的画面。这些目标在每个住宅单元中都有不同的体现,委托贝尔纳·拉絮斯在项目中心设计的花园也是如此。这个市政花园的设计目的是控制水位的上升,并将部分水储存起来,在洪水过后调节水流返回河道;而在非洪水期,这里还能欣赏到由河中植物和小动物组成的永久性生命景观。

　　2016 年 6 月,该市水位突然上涨,比百年一遇的洪水高出40%(彩图 8)。布尔乔岛的一些房屋被洪水淹没超过 15 天,损失惨重。在我们的新社区,花园变成了一个湖,但没有一户人家被淹。大多数居民还来得及转移他们的汽车。洪水在不到 48小时内退去,居民们开始自发地清理通道和楼梯上洪水留下的淤泥。三天后,一切都恢复了干燥清洁,没有树木或灌木被冲走,上涨的水位如期得到调节,降速缓慢且没有湍流,退去的河水也是如此。对洪水的恐惧被一种新的社区集体意识和对水的掌控感所取代。

融入文化

当地文化的兴起以及与自然互动的共同兴趣的出现，无论在形式还是在时间上都是难以预测的。但可以肯定的是，2016 年 6 月的洪灾在其中发挥了重要作用，尤其在洪灾来临的日期和强度都无法预见的情况下。而建筑项目已经提前为此奠定了基础。关注水文和河流是为了满足人们对住房的期望，这构成了由建筑产生的象征性建设的基础。它基于对住宅细致入微的设计，包括考虑到集体住宅中的老人和有孩子的家庭日常生活中所面临的不同问题。例如，窗户面朝东北的公寓都有一个通向花园的阳台，深度为 2.2 米，上面覆盖着镂空的金属花架，人们可以在阳台上与家人一起吃饭、阅读、打牌或抽烟；由于阳台位于阴凉处，所以一天中的任何时间都可以使用。这些阳台的存在，以及它们所带来的乐趣，都是人们在社会住房中意想不到的。花架可以为花园提供遮蔽，而这些阳台正好可以俯瞰市政花园，因此会让人对这个空间产生联想①（彩图 9）。然而，这个空间的含义是矛盾的：它是休息和娱乐的场所，与大多数花园一样是永恒和谐的象征，但同时它也是一个蓄水池，通过防水表面（例如建筑物的屋顶）收集雨水，以便减缓水位的上升，因此也是不可预测的洪灾的标志。创造一种象征层面上的对立的重要性在于，它留给观者自由选择

---

① 1847 年，约瑟夫・帕克斯顿以同样的方式设计了英国伯肯海德公园，这是一个供人们散步的场所，郊区的房屋都朝向公园的草坪，住户相互之间不会看见。伯肯海德公园是英国第一个为公众建造的公园，甚至早于阿方斯・阿尔方（Alphonse Alphand）在巴黎修建的公园。它还成为后来弗雷德里克・劳・奥姆斯特德在纽约建造的中央公园的灵感来源。

的想象空间。从花园看去,建筑物的外立面可以反过来激发三种截然相反的意象:一种是普通的公寓楼;一种是追溯罗莫朗坦及其砖厂工业历史的工业建筑;还有一种是漂浮在空旷停车场黑暗中的不可思议的峭壁,上面覆盖着花园花架。花园周围的所有新旧建筑都选择了类似的对立设计,但采用了其他造型手段,这创造出一种建筑物相互交织的想象视角,将日常生活、罗莫朗坦市的历史和自然的河流景观结合在了一起。

应对洪灾风险:圣日耳曼岛上的"岩石之家"

圣日耳曼岛位于巴黎塞纳河下游左岸,也就是伊西莱-穆里尼奥镇(Issy-les-Moulineaux)一侧,与该镇隔着一条狭窄的、水流和缓的河道。这条支流上停满了驳船,吸引了众多餐馆和城市居民来寻找临水的宁静。该岛地势平坦,经常被洪水淹没,曾经是蔬菜种植区和塞甘岛工人的住所。支流河岸坡度平缓,有河狸鼠挖的洞穴。来到这里的广告商和商人想办法将雷诺工人或菜农的公寓换成了大房子,这些房子高于 1910 年洪水的水位,且高于主干道。法国航道管理局则要求保持河岸的自然状态,以防止河道变窄。

从陷入僵局到取得突破

在两条街道的拐角处,有一块靠近河流支流的地皮,地皮的主人想在那里修建办公楼,但却缺乏必要的资金。他遇到了一位想建更大住房的邻居,这位邻居有足够的资金,但苦于没有土地。一个人想要 800 平米的住宅,另一个想要 600 平米的办公楼。尽管这块土地面临洪灾风险,他们还是同意共同实施项目,不过由于他们各自都想成为该房产的唯一财产所有人,因此始终无法达成和解。事情似乎走入了死胡同。这时一个既有象征意义又具实操性的建议打破了僵局:将住宅和办公楼这两个项目合二为一,形成一栋建筑,使用一种与住宅和办公格格不入的岩石外观,设置两个独立的入口,从两条街道中的任何一侧都无法同时看到这两个入口(彩图10)。这种设计使两位业主可以开展建设性的对话。

设计理念

我们对办公楼和住宅楼共存可能产生的问题进行了创造性评估,主要涉及办公楼和住宅的私密性以及向河流开放的自由度,但我先将这些使用问题搁置在一边,希望强调它所暴露出的敏感性和象征意义。这片引人注目的住宅区由几位著名建筑师共同设计,他们将住房变形并呈现出船的形状,介于抽象与具象之间,唤起人们对水位上涨的期待。飞利浦·斯塔克(Philippe Starck)①设计了这里的第一栋住宅,住宅附带的花园通向一个可以停泊船只的浮桥。随后,他又建造了自己的住宅和办公室,其外形就像一艘停靠在人造水池中,于驳船之间漂浮的木制私掠船,这个造型是为了与让·努维尔(Jean Nouvel)②设计

---

① 飞利浦·斯塔克(生于1949年)是一位室内建筑设计师,其作品被巴黎现代艺术博物馆和纽约现代艺术博物馆(MoMA)收藏。
② 让·努维尔(生于1945年)是当代世界最著名的法国建筑师之一,他将后工业世界的美学融入到令人惊叹的建筑作品中。

的一艘黑色战舰式建筑相呼应。他修建的客户住宅则是一艘理查德·迈耶（Richard Meier）①风格的白色邮轮，带有一座浮桥，房屋的玻璃天棚将客户的隐私暴露在邻居的视线之下。但"岩石之家"的情况正好相反，从两侧街道上看，这栋房子就像是一块巨型神秘岩石，岩石上有一扇巨大的窗户，但由于窗户被铁丝网罩住，人们看不到内部的任何东西。这种构图既避免了从字面上去解读这座建筑，将其理解为一座房子或一块面朝大海的岩石，同时又让它在面对想象中的洪水和潮汐时表现得足够坚韧。

"岩石之家"既是开放的，也是封闭的（彩图 11）。这种对立不仅表现在临街一侧的封闭和临河一侧的开放上，更深刻地表现在客厅大窗户的垂直运动上：这扇面向花园的窗户可以沉入地面，取消室内外之隔。客厅前的露台地板也可以随意下沉，以便让游泳池的水位与客厅地面齐平，仿佛洪水受人掌控，听从居住者的意愿，他们可以通过随意关闭或打开起居空间以应对上涨的洪水。这座房子是成年人的游戏，它颠覆了弗洛伊德的捉迷藏定律（*fort-da*），提供了一个过渡空间，让洪水为快乐原则服务！

融入文化

建筑师希望通过赋予房屋象征意义，建造一座有别于邻

---

①　理查德·迈耶（生于 1934 年）是一位美国建筑师，也是柯布西耶美学的继承者，他创造了一种个人风格，强调在光线下的白色几何形状，并因此在 1984 年获得普利茨克建筑奖。

居家的房子（这也是客户关心的问题之一），但更重要的是，他们希望营造出一种神秘感，既能唤起人们对洪水威胁的恐惧，同时又不局限于此。然而，强加于建筑的阐释会阻碍想象力的飞扬：罗伯特·文丘里设计的鸭子形建筑让人在进入内部之前就已经瞠目结舌。① 为了让想象超越岩石的形象，房屋必须区别于岩石的某些表象（图 6）。房子临街的每一面都有一个与街道拐角对称的缺口。这两个缺口处装有巨大的窗户，窗户被精美的金属网格遮挡，过路的行人无法看到内部的情况。它们强化了整体形象，但又与任何古代或现代建筑传统相去甚远，难以阐释。这使得这座建筑充满神秘感，让参观者可以自由地作出自己的解读。这栋房子可以被视为一个掩体，一座大西洋城墙上面对让·努维尔军舰的碉堡。为了给人们留出更多想象空间，建筑师赋予了混凝土岛屿两岸树皮的纹理和色彩。树上栖息着许多鸟类，因此有人建议在建筑外立面上安装一些鸟形凸面镜，以反射周围的树木。然而，人们担心这种自然主义可能过于直白，因此决定将这些镜子排列成规则的网格，使之呈现出鱼和鸟的形状，就像是一块织布，将升入天空和潜入大海这两种截然相反的遐想融合在一起。遗憾的是，这种新的对立从未实现。而它本可以淡化该地区特有的海洋风格建筑文化。

---

　　① 罗伯特·文丘里（Robert Venturi）、丹尼斯·斯科特·布朗（Denise Scott Brown）、史蒂文·伊泽努尔（Steven Izenour），《向拉斯维加斯学习：建筑形式被遗忘的象征意义》（*Learning from Las Vegas：the forgotten symbolism of architectural form*），Cambridge（Mass.）：MIT Press，1972 年。

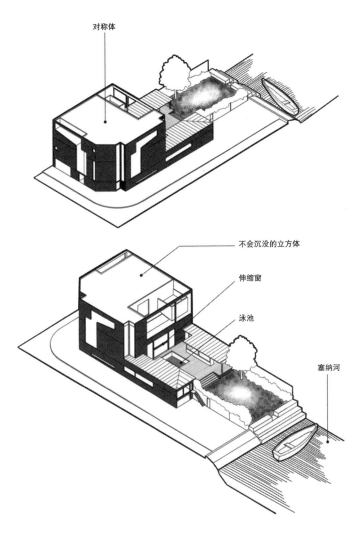

图 6 正等轴测图©埃里克·达尼埃尔-拉孔布团队绘制

"岩石之家"的两个临街立面。

街道两侧外墙的相似性使人无法从外部解读办公区和住宅区之间的分隔。它们暗示着一个对称体，一个神秘居民栖身的立方体，一块永不沉没的岩石。

生物健康的视野

牛顿的《自然哲学的数学原理》(*Philosophiæ Naturalis Principia Mathematica*)于 1687 年出版后,欧洲的思想家和艺术家们开始对大自然充满热情。这种热情并不只有三分钟热度,它促使布封在 1749 年至 1789 年间出版了脍炙人口的鸿篇巨著《自然史》[①],随后又在 19 世纪被转化为对乡村、海洋、高山和大型城市公园的喜好,直到 20 世纪才逐渐降温。戴安娜·巴尔莫里[②]曾一再强调城市生活如何使我们远离大自然,并对它的节奏、生物链和偶然性感到陌生。我们不得不承认,问题出在我们的城市居住环境和生活方式上。建筑师如何解决这些问题呢? 下面的例子(三个由其他艺术家设计以及一个由我设计的

———————

① 1808 年,亚历山大·德·拉博德(Alexandre de Laborde)在他的《法国新花园及其古堡:兼论对田园生活和花园结构的观察》(*Description des nouveaux jardins de la France et de ses anciens châteaux, mêlée d'observations sur la vie de la campagne et la composition des jardins*)中驳斥了法国大革命前对自然的热情:"从那时起,人们开始无休止地使用'忧郁''浪漫''悲伤'这些词语,尤其是不再自然的'自然'一词……我们有人的本质,事物有事物的本质,世界不再只是一本伟大的自然之书……最近,我们在剧院看到布封在大自然的'膝盖'上创作了他的全部作品,这对他和大自然来说都极为不便。"引自米歇尔·柯南为勒内-路易·德·吉拉尔丹《论景观德构成》写的后记(Michel Conan, «Postaface», dans René-Louis de Girardin. *De la composition des paysages*. Paris: Champ Vallon, 1992, p. 200)。

② 戴安娜·巴尔莫里(1932—2016)是一位美国景观建筑师,其作品遍布美国、巴西、日本、韩国和西班牙。她设计了韩国世宗特别自治市"零废弃物"新城的城市规划,并为翻新后的毕尔巴鄂市阿班迪奥巴拉区(Abandiobarra)设计了整体景观,该区正是新古根海姆博物馆(le musée Guggenheim)的所在地。

项目）可能并不会成为头条新闻，却能帮助其使用者摆脱当前的困扰，梦想一个所有生物健康生长的世界。

像诗人一样生活在克拉赞内（Crazannes）
采石场休息区的蜈蚣群中

想象一下，在从荷兰、比利时和英国通往法国旧省贝阿恩、葡萄牙和西班牙南部的路线上，夏朗德省有这样一段如乡间小道般缓缓起伏的高速公路。几近超速的司机们目光紧盯着公路安全栏尽头，追逐着遥不可及的远方。他们在寻找假日的风景时却往往忽略了身边的美景。高速公路的景象让他们匆忙赶路。因为这样的无聊会让人昏昏欲睡，容易引发车祸，同时也会影响乘客的心情。除此以外，人们不知道有更好的穿越大自然的方式。

设计理念

20 世纪 90 年代初，负责圣特斯市（Saintes）和罗什福尔市（Rochefort）之间高速公路路段的法国南部公路公司（ASF）发现，该路段经过的大片石灰岩山丘上有奇特的纪念性遗迹。于是，该公司聘请贝尔纳·拉絮斯利用这条线路建造一个景观，并打造一个休息区。拉絮斯发现，这些痕迹是旧采石场不断被开采、废弃最终遗留下来的痕迹，其历史可以追溯到罗马人殖民高卢的时代，直至 20 世纪 50 年代中期最后一个采石场关闭。靠近地表的石灰岩因渗水而开裂，无法用于建造。因此，采石场都建在地下，开辟了几乎与石灰岩层同样高的巨大洞穴。采石场废弃时部分洞穴被回填，因此推土机需要挖开过去的回填土，这使得开发工作持续了很长时间。贝尔纳·拉絮斯通过这些分析,别出心裁地创造出一种独特的电影般的景观:只要驾车者以每秒 25 米的速度在 30 秒内通过,岩石与空洞就会以切分节奏交替出现。[①] 虽然这种景观的营造主要是一个美学问题,但休息区的设计与其他住宅设计一样,也需要考虑到使用问题。休息区必须能够让驾车者在停车休息的同时,视线不离开自己的汽车,让他们吃饱喝足,并监督孩子在远离高速公路的地方玩耍。

贝尔纳·拉絮斯在一片绿色中开辟出空地,设计了两个大型露天餐厅。这两个餐厅远离高速公路,不受汽车噪音影响。拉絮斯还在这里安装了大型圆形凉棚,下面摆放了桌子和长凳。一条环形通道和一些汽车停车位环绕着这些凉棚,形成了一个免受出入餐厅车辆影响的中央游乐区。这种环形规划具有明显的功能优势,也与高速公路的线性延伸形成了对比。而凉棚的形状、它投下的阴凉以及它所环绕的大片圆形草坪,都让人联想到花园的诗意,这样的休憩与高速公路的运动形成鲜明对照。森林中的圆圈也是仙境存在的标志。因此,我们可以看到各种可能的意义交织在一起,这些意义并不是强加在我们头脑中,而是邀请我们去做巴什拉[②]所钟爱的白日梦。换句话说,餐厅也成为了一个诗意的生活空间。拉絮斯还设计了一条小径,可以

---

① 米歇尔·柯南,《贝尔纳·拉絮斯的景观言说方式》(*The Crazannes quarries by Bernard Lassus:An essay analyzing the creation of a landscape*),凯伦·泰勒(Karen Taylor)译,Washington (D. C.):Dumbarton Oaks Contemporary Landscape Design series I,2004 年。该书法文手稿被翻译成英文后又被翻译成中文,分别在美国和中国出版,但从未在法国出版。

② 加斯东·巴什拉(Gaston Bachelard,1884—1962),法国哲学家,法国历史认识论学派的主要代表之一。——译注

从两个餐厅通往博物馆区和观景台,从观景台可以俯瞰下方被石灰岩洞穴围绕的荒野景观,这在高速公路上完全无法想象(彩图12)。这就像引入了一条隔断,将人们的注意力从熟悉的世界转移到未知之地。当地的猎人们都知道这个地方的存在,因为这里有种类繁多的哺乳动物、两栖动物、昼行性和夜行性的鸟类,为了观察底部靠近地下水位的蜈蚣群,两个环境保护组织曾对此地进行探访(彩图13)。拉絮斯曾希望让游客可以从博物馆内部进入这片原始世界,并且只允许游客通过高架走道参观,以限制人类与非人类之间的互动。

融入文化

如果说高速公路仅遵循其自身的逻辑在大自然中穿行,那么这条步道则标志着它对非人类生命的尊重。它邀请我们凝视这个与人类相隔绝的生命角落。正是因为发现了这个与高速公路格格不入的地方,拉絮斯才决定了休息区的选址。拉絮斯的设计旨在欢迎旅行者,而通往下方蜈蚣群落的通道则是为了邀请他们探索大自然。希望他们在与家人或朋友分享美食的同时,关注那些可能会错过,但一经发现便无法忘怀的未知生命形式,从而获得满足感。通往博物馆区的小路和对博物馆的游览使游客置身于另一个未知但从未被禁止的世界。它提供了一个机会,让人们接触到一种独特的自然景观,在野餐的消遣之余,也对自然进行探索,并惊叹于大自然对古代遗迹的开垦。为了确保他想象中高速公路世界的魅力不为那些支付过路费的人所独享,拉絮斯为来自克拉赞内村的驾车者提供了单独的通道。

开启生物健康文化

　　最精妙的项目并不总是最受人理解。由于法国南部公路公司主席的更换,蜈蚣群落采石场的开发项目被弃置了。拉絮斯与克拉赞内的环保主义者们一起发现了珍稀的蜈蚣群落奇观。尽管无法控制法国南部公路公司的决策,但他们并未忘记设计该项目的初衷。他们在没有法国南部公路公司资助的情况下排除万难。幸而在省政府的帮助下,克拉赞内镇建立了克拉赞内洞穴博物馆,并组织一些小旅行团进行了遗址徒步游。① 遗憾的是,由于没有拉絮斯设计的高架走道和观景台,游客们在地面留下了他们经过的痕迹。事实上,跳出高速公路的框架使他们发现了一个非人类的美丽世界,这个世界自成一派,遍布着蜈蚣群落和在该地区常见的兰花。他们发现的奇观是一个健康的小生物宇宙。隔断并不决定内容,但它通过将休息区与蕨类植物和栖息其间的动物分隔开,激发了人们的想象力。值得期待的是,这个生机勃勃、充满活力的世界,与机动车的王国形成了鲜明对比,它将唤起人们对生物世界脆弱性的关注,并确保其得到最基本的保护。只需稍加思考就可以想象,人们在奔向假期、回归自然的疯狂旅途中,驻足于高速公路脚下,置身在几个世纪以来对大自然的开发所残留的废墟之上,这不正是对当下时代的惊人隐喻吗?

　　① 在维基百科上可查看 https://la. charente-maritime. fr/echappees-nature/pierre-crazannes 网站上的精美图片以及对克拉赞内洞穴地区的实用介绍,也可在维基百科上查看《克拉赞内采石场》(Carrières de Crazannes)一文中的其他照片。

圣法尔若市穆耶尔学校的乡村生活

人们不禁想起阿方斯·阿莱（Alphonse Allais）的一句玩笑话："城镇应该建在乡下，因为那里的空气更为纯净。"①圣法尔若市就是一座乡村新城，但这里的居民既没有感受到城市生活的吸引力，也没能沉浸在大自然的魅力中。大人们下班后就把自己锁在家里，哀叹无论是遥远的巴黎娱乐生活，还是乡村生活，都让他们感到陌生。孩子们在一年中的大部分时间里，都生活在住宅小区和学校中，这让他们倍感煎熬。附近乡村的田野、树林和荒地与他们的日常世界犹如隔世。

设计理念

圣法尔若市的穆耶尔区之所以叫这个名字，是因为在这个乡村角落曾经有许多水洼②：黏土不能吸收雨水。因此，为了建造住宅小区，开发商选择在深泓线的凹陷处安装排水沟，并在两条深泓线之间的山脊道路两侧建造房屋（彩图14）。这样一来，打造乡村风貌就变成了一个技术问题，并被城市化系统所掩盖。创造性评估正是以这一观察结果为出发点，建议对溪流和水洼进行

①　关于这句话的出处还存在一些争议。它最初的表述来自让-路易·奥古斯特·康默森（Jean-Louis Auguste Commerson），他1851年在《一个包装工人的思想》（*Les pensées d'un emballeur*）中写道："如果现在要建造城市，人们会将其建在农村，那里的空气更有益于健康。"亨利·莫尼埃（Henry Monnier）在他1852年创作的戏剧《约瑟夫·普吕多姆先生的伟大与颓废》（*Grandeur et décadence de M. Joseph Prud-homme*）中再次使用了这句话。这句话的新提法后来被认为出自阿方斯·阿莱之口。

②　穆耶尔区在法语中写作"Mouillères"，指牧场或田地的经常潮湿的部分。——译注

不同的利用，以创造一段诗意的旅程。因此，我们开始研究，如何才能让人们从学校看到潺潺流淌在深泓线凹槽中的溪流，并借助水池强调自然千百年来在这片区域留下的真实痕迹。所以我们建议将一条小溪引至日光下，让其横跨学校，并打造两个所有人都能看到的水池，一个靠近公共区域，即迎接家长的区域，另一个则靠近操场。这种对乡村特殊风貌的强调勾勒出一幅舞台剧场景。为了减弱学校的说教性质，我们试图赋予它一种既能唤起人们对乡村的回忆，又无法联系到某种特定的植物或动物的形式。我们试图创造一种对立统一关系，既可以将这座建筑视为一所学校，也可以将其视为沉睡在乡间的未知野兽的变形，从远处便能看到盘踞于其躯壳之上令人难以置信的脊骨（图 7 和彩图 15）。

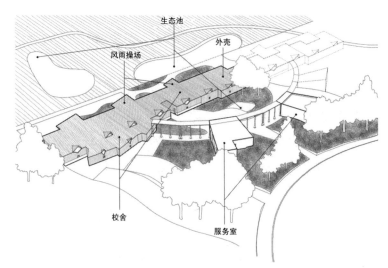

图 7　正等轴测图·图绘和彩色照片◎埃里克·达尼埃尔-拉孔布团队
穆耶尔学校示意图。
校舍的一侧是服务室，另一侧是风雨操场；校舍被带有大通风天窗的外壳覆盖，这些窗户能够将天顶光引入教室中。

融入文化

这根倒置的脊骨垂直于学校的屋脊,是深受孩子们关注的学校标志:它将头顶的光源引入教室。随着时间的推移,光线会改变教室大玻璃窗对面长墙的颜色,教室朝向北面的操场,操场上的大水池在阳光下熠熠发光。在老师的指导下,孩子们可以从中发现并体验生命的四季变化。水池成为了一个实验场,是孩子们与周围的自然世界,与父母甚至与邻居接触的前奏。

在面向教室的公共一侧,一条有顶棚的通道将三栋小楼连接起来,它们分别是学校行政办公室、多功能厅和图书馆,这划定了家长等候庭院的范围,在幼儿园校门和小学校门之间有一个中央水池。这是家长与孩子、家长与老师、家长与家长相互会面的地方,也是邀请家长进行探索的地方。孩子们已经在另一边的操场上学会了观察水池中的微小生命,因此可以成为他们父母的良师益友。从某种程度上说,这些都是邻里间最初的松散联系,这片乡村呼唤人们谈论自然生活,根据每个人对这个不同寻常的地方的诠释,产生一种邻里身份认同感。这就是开放式庇护所的作用。

开启生物健康文化

在这里,学校蜕变成了一只奇异的怪兽,吸引着到校的孩子们穿过这面魔镜,从家庭作业一跃进入对乡村的遐想中。教师们毫不犹豫地抓住这一乡村记忆,与孩子们分享这里孕育的生命奇迹。但众所周知,这种对自然生命的致敬其实脆弱不堪,除了时刻受到巴黎大区日益加剧的城市化进程的威胁外,径流污染问题也迫在眉睫。而鼓励人们热爱这个河畔世界,提高对其脆弱性的认识,这难道不是学会关爱生物健康的第一步吗?几乎没有哪个家长能拒绝关注孩子们对世界的惊叹。也几乎没有哪个孩子在和蔼亲切的老师的指导下,不为观察操场上大水池里的生命变化而着迷。就像许多教师乐于帮助学生们发现,书籍有助于他们自己观察世界。正是这一连串的快乐让我们看到了向更多公众传播健康生物文化的希望。

加利福尼亚州佩塔卢马(Petaluma)的生物链

佩塔卢马是一座拥有 5 万居民的小镇,同名河流穿过小镇流入旧金山北部的圣巴勃罗湾。这里的供水和卫生服务系统建立于 1938 年,并于 1972 年进行了现代化改造,但到了 1988 年,与其他许多城市一样,整个系统日趋陈旧,显然已经无法满足日益增长的饮用水、废水处理、环境保护,尤其是保护濒危物种的需求,因此亟待彻底整修。在过去几年里,加州经历了持续一年以上的干旱、地下水位下降导致的土地塌陷、威胁城镇和巨型梧桐树的森林大火、造成山体滑坡的灾难性降雨,以及考验水坝稳定性的洪水。在佩塔卢马,1998 年 2 月[1]厄尔尼诺现象引发的

---

① 根据旧金山国家气象局的一份声明,"1 月 12 日至 18 日期间,局部地区有强降雨……但直到 2 月初,厄尔尼诺风暴才在加利福尼亚州中部肆虐[……]。2 月 2 日和 3 日的风暴造成的暴雨使众多河流泛滥,造成了创纪录的洪灾。[……]佩塔卢马河是索诺玛(Sonoma)县洪灾暴发的源头,带来了灾难性后果"(国家气象局,旧金山,旧金山市博物馆,[在线],www.sfmuseum.net/hist10/98wx.html,访问日期: 2017 年 9 月 2 日)。

洪水将污水处理厂与河流之间的大片农田变成了沼泽,每天两次涨潮时被水覆盖,退潮时便显露出来。这些现象引起了州、市和县当局的高度关注。加利福尼亚州的许多私营企业也非常重视这些问题,但这并不足以确保在当地进行巨额投资时能得到公众的支持。因此,市政府希望对污水处理厂进行现代化改造,同时鼓励居民们提高对自然环境的认识和关注。

设计理念

2000 年,根据专家组的建议,市政府决定未来的污水处理厂应符合可持续发展原则中有关生产最高质量再生水的法规。派翠西亚·约翰森①是一位以致力于环保而著称的艺术家,她建议对废水进行生物处理,并以公园的形式将处理厂和盐沼整合起来以供公众使用。市政当局接受了这一想法,2001 年约翰森受邀与一家专业咨询公司,即卡罗工程公司(Carollo Engineers),合作进行项目设计。该公司虽然在废水生物处理方面并无特别专长,但在废水的物理化学处理方面却拥有丰富的经验。② 派翠西亚·约翰森希望佩塔卢马的居民能够参观整个工

---

① 派翠西亚·约翰森(生于 1940 年)是 1964 年举办联合展览的八位艺术家之一,这次展览标志着纽约极简主义的开端。然而她后来却放弃了极简主义画家这一职业,投身于邀请人们发现自然的生命及其奥义的景观艺术中。参见吴欣(Xin Wu),《派翠西亚·约翰森的房屋与花园:现代性的重建》(*Patricia Johanson's House & Garden Commission: Re-construction of modernity*. Préface de Stephen Bann),Washington (D. C.):Dumbarton Oaks Research Library and Collection,2007 年。

② 参见吴欣,《派翠西亚·约翰森与公共环境艺术的再创造,1958—2010》(*Patricia Johanson and the re-invention of public environmental art*,1958—2010),Farnham (G. -B.) et Burlington (Vt.):Ashgate,2013 年,第 166—176 页。

厂,了解厌氧细菌在水净化过程中的作用以及它们在生物链中的地位。为此,她要求通过生物过滤法,在一连串由特殊水生植物装饰且充满微生物的水池中,对水进行最后的提纯,并在处理过程结束后将农业用水转化为饮用水。这些特殊水生植物会吸引鱼类和两栖动物,而鱼和两栖动物又会吸引鸟类,展示了生物链与水净化之间的联系。她同时还致力于确保土地上现有的生物群落得到保护和丰富,并将以前的农业用地归还给各类作物。她的目标是尽可能多地创造生物多样性,鼓励更多动物,尤其是鸟类,在这里安家落户。她希望创造一个丰富多样的自然环境以吸引游客。她的项目经历了几个截然不同的阶段,但每个阶段都有一个共同的目标,那就是唤醒游客揭开项目整体设计的神秘面纱的渴望。设计灵感源自生活在该地区的常见动物形象。比如,项目布局就参考了加利福尼亚州一种濒临灭绝的老鼠即盐沼巢鼠(salt marsh harvest mouse)的外形,勾勒出池塘和通往池塘的小径的形状(彩图 16)。这种设计从空中可以轻松辨认,但在地面上却难以察觉,因为它在几乎平坦的土地上延伸了 100 多米。工程师们使普通的四边形池塘发生了陌生但有趣的变形,而任何观察池塘构造的人都可以轻松地在脑海中重建其形状。我们希望公众回答一个显而易见的问题:为什么借用这种老鼠的外形来设计污水处理厂的净化池呢? 盐沼是这种小型啮齿动物的常见栖息地,对二者进行观照表明了废水净化与保护濒危物种之间存在一定的联系。构成老鼠身体部分的某些水池,同时也参考了桃色花粉蝶(Zerene eurydice),也就是加州狗脸蝴蝶(California dogface butterfly)在休息时两翼合拢

的轮廓。因此,这些同时作为技术处理区和鸟类栖息地的池塘,
可以使人们联想到加利福尼亚州的濒危物种,至少它们也是在
城市环境中罕见的呈现出强烈自然生命力的地方。这些相互交
织的对立设计让参观者可以随心所欲地作出适合自己的解释,
甚至是在矛盾间摇摆不定。从净化池到最后一步水离子化处理
区的路径构成了一个特别有趣的对立设计。这条路径连通了生
物处理区和技术区,还穿过了几处鸟类非常喜欢的耕地,其形状
就像老鼠的尾巴(图 8)。

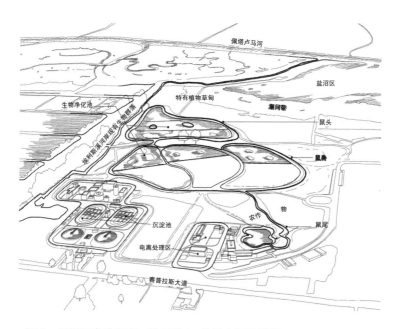

图 8　透视图©埃里克·达尼埃尔-拉孔布团队绘制

佩塔卢马污水处理厂项目。

规划图显示,赛普拉斯大道和佩塔卢马河之间分成了三部分。在中央,特有的植
物草甸和盐沼区边缘形成了一道隔断,将水处理区与沉淀池和鼠形净化池隔开。

　　这种对立设计在连接形状截然不同的空间的同时，通过将小路变形为老鼠的尾巴，在这些空间之间建立了隐喻联系。最后，水处理区与盐沼区被潮间带高潮线分隔开，在开发项目的中心引入了一道隔断：隔断以下是人类的活动空间，以上则是原始空间。这种区隔非常明显，许多游客，无论是摄影师还是观鸟者，都对退潮时露出水面的沼泽地特别感兴趣。但实际上，无论是游客、植被、鸟类，还是小型哺乳动物，都可以随意跨越盐沼区和水处理区，比如水獭一家就能够从河里跑到最低洼处的水质净化池安家。这种情况会威胁在眼形岛屿上落户的鸟巢，而这些鸟巢有助于调节这里的水循环。

融入文化

　　这些水獭为促进佩塔卢马镇居民对环境的反思作出了巨大贡献。致力于保护鸟类的奥杜邦协会（la société Audubon）曾是该项目的支持者，他们对这种入侵行为表示担忧，并要求将水獭一家迁走。其他同样支持该项目的团队则认为，没有必要干涉自然生命的发展，只需观察水獭的到来将带来什么样的变化即可。于是，当地展开了一次论战，并由此产生了一种相互矛盾的地方文化。这种文化展示了人类对非人类物种的潜在热情，同时也表明所有认真追求与自然和谐共处的社会所面临的困难：与自然共处势必会打破我们的某些习惯，并引发激烈的争论。佩塔卢马项目的选址是为了在鼓励发展城市技术与保护自然之间达成某种连续性。从项目一开始，派翠西亚·约翰森就动员了当地的协会和利益相关者，他们为派翠西亚·约翰森提供了有关当地物种和生态系统的宝贵信息。最重要的是，工程结束后，他们在现场组织了各种活动，如摄影课、学校生态参观团和系统性的观鸟活动，帮助公众重拾了对自然保护的兴趣。通过这种方式，该项目在不规定形式和内容的情况下，鼓励了人们对自然的共同关注。

开启生物健康文化

水獭既是这出好戏的煽动者，也是受害者。这场论战预示着我们人类在努力定义我们与自然的关系以确保其健康的过程中，将会遇到种种困难。这些困难既不容易解决，在各个地方也不尽相同。人类在保护濒危物种时，应该在不干扰其捕食者的情况下促进其生存，还是应该像奥杜邦协会成员那样，在不告知其他相关方的情况下，将捕食者迁移至别处，哪怕只是暂时迁移？这个问题在佩塔卢马引发了激烈的争论。而鸟类保护者在其他居民不知情的情况下，在夜里进行了人为干预，这显然无法令事态平息。另一方面，这个问题迫使我们共同思考城市居民在何种条件下才能为生物健康作贡献。派翠西亚·约翰森的项目实现了其主要目标之一，我们则从这次事件中汲取了充分的教训。自然界中的生命形式数不胜数，而我们每个人只能将精力投入某一特定方面或物种。在捍卫不同形式生命的大合唱中，每个人都有可能以更高的生物利益为名义，将自己的观点强加于人并诉诸暴力。这实际上已经脱离了亚里士多德实践智慧（phronesis）的观点。实践智慧允许每一种观点充分表达，并对它们进行逐一思考，在寻求其间平衡的过程中,拒绝停留在任何一种观点上。参与保护生物世界的建筑师们必须正视这一难题,调整他们对生物世界健康的理解,使之与众多其他参与者的理解相一致。只有这样,才能形成保护生物健康的共同意识。

瑞典马尔默的斯科讷之梦

瑞典的马尔默市在该国南部的厄勒海峡上拥有一个繁忙的港口,它位于斯科讷省,这里曾经是一片沼泽地,在 19 世纪被排干后成为了一个农业省份。第二次世界大战结束后,大型住宅区吸引了许多移民,其中包括许多土耳其人和南斯拉夫人,他们住在设施齐全的郊区,但对斯科讷的乡村世界一无所知。在很长一段时期内,这片地区都是丹麦的领土,与其他众多在瑞典语中被称为公国(*nationer*)的地区一样,保留着自己的特色。塞尔玛·拉格洛夫(Selma Lagerlöf)①在她的著作《尼尔斯骑鹅旅行记》(1907)中描绘了一幅为所有瑞典人熟知的、神话般的乡村画卷,而这部童话长期以来一直是瑞典的地理教科书。这部作品告诉读者,他们绝不是分属于不同的公国,而是像森林居民、沼泽居民和天空居民(候鸟)一样,同属于一个由生生不息的大自然团结起来的独一无二的国家。这正是现代马尔默的新居民所缺失的东西。

2001 年,在厄勒海峡沿岸西部港口西港区(le quartier de Västra Hamnen)一块占地 18 公顷的土地上,马尔默市举办了

---

① 塞尔玛·拉格洛夫(1858—1940),瑞典女作家。——译注

一次国际住房展览会,旨在发展一种新的生态观。这次展览会共修建了 3000 套住房,配有各种设施、商店和花园,并于 2003 年竣工。

设计理念

　　丹麦景观设计师斯蒂格·伦纳特·安德森(Stig Lennart Andersson)①在新区设计了一座长条形的花园,毗邻一条与海岸线平行的内部道路。这个公园形成了一条几百米长的隔断。花园向海的一侧是一片造型抽象的水面,另一侧则是雕刻而成的白色码头,码头后面是大片的芦苇荡,中间夹杂着草地并零星点缀着树木繁茂的岛屿(图 9)。整个景观仿佛呈现出曾经覆盖这片土地的古老围垦地的样子,但对河岸的分割以及将密林小岛与芦苇荡分隔开来的金属围栏,却又展现出截然不同的面貌。这显然是一种基于生态建筑形式与自然生命形式之对比的创造性景观。然而这些都是建筑师的精心设计。斯蒂格·安德森进行了创造性评估,最终构建了一些将自然元素包含在内的人造景观,有的是斯科讷省的典型生物群落,有的则是冰碛,让人联想到上一个冰河时代覆盖斯科讷省的痕迹(彩图 17)。因此,这项设计的灵感源就是以抽象形式来构思自然形式,且其中大部分是自然中的生物形式:比如,白蜡树林、橡树林和水下生物群

---

　　①　斯蒂格·伦纳特·安德森(生于 1957 年)以非凡的创造力延续了现代丹麦伟大的景观传统。他的作品旨在以诗意的方式向居民介绍斯堪的纳维亚城市中无所不在的自然风光,这使他于 2002 年获得了由国际景观杂志 *Topos* 颁发的首届欧洲景观大奖。

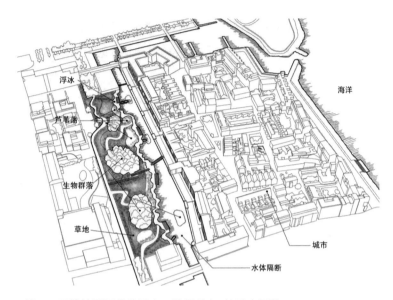

图9　正等轴测图©埃里克·达尼埃尔-拉孔布团队
根据斯蒂格·伦纳特·安德森主持的项目绘制
马尔默市的铁锚公园和西港区。
一条水体隔断将城市一分为二,右侧是属于日常生活和城市的直线世界,左侧是
属于幻想的扇形自然世界。高高的芦苇荡将岸边浮冰的奇幻痕迹与大片草地隔
开,草地上耸立着代表斯诃省濒危生物群落的小岛。这些芦苇荡邀请孩子们
在芦苇丛中创造自己的世界,也邀请大人们踏上不可思议的回归过去之旅。

落。为了让人们注意到这些生物群落的人工属性并强调其独
特之处,安德森用一道低矮的金属围栏将它们与周围的芦苇荡
和草地隔开。人们可以通过一块平坦但状如金属昆虫的人行
天桥跨过围栏,抵达一条高出自然路面的小径,去往树木繁茂
的生物群落,或者是穿越码头边缘的冰碛,在半空中靠近广阔
水域中的海洋生物群落(彩图18)。这些形状抽象的人行天桥
需要游客一跃而上,它们既是通道,也是隔断,与我们已经介绍
过的对立设计截然不同。它们与身体的动觉体验有关。天桥

开辟了一种微型景观,使我们体验与自然地面的分离,以及芦苇荡与斯科讷生物群落之间的想象距离。这些隔断凸显了生物群落,并以强迫我们沿着天桥行走的方式,向我们展示这些值得被保护的脆弱景观。芦苇荡和草地为游客提供了一次通往遥远景观的旅行,邀请人们在斯科纳省腹地的乡村进行探索发现。

融入文化

在这个项目中,我们不难看到一种互文性,它将瑞典现代文化的源头之一——塞尔玛·拉格洛夫的神秘世界带回到日常生活中。景观设计师设计的任何一个生物群落都能让人联想到《尼尔斯骑鹅旅行记》中的某个场景。围绕在斯科纳生物群落景观周围的围栏所唤起的神秘感,以及通过蜈蚣形状的高架天桥走进这些生物群落的方式,足以引起人们对这些普通自然景观的关注,使游览者在惊叹中成为斯科纳省丰富多样的自然景观的观察者。这个方案既体现了该地区开发商的意图,也就是成为环境的捍卫者,但同时,或许更深远的意义在于,它鼓励了该地居民关注居住地自然的自发形态。

白色混凝土码头上零星散落的冰碛也是如此,它们蜿蜒曲折,就像康定斯基[1]画作中无限变化的线条。在冰川融化前,瑞典的驯鹿、野牛和麋鹿群还没有从南方迁徙到北方的牧场,这些冰碛为人们提供了休憩的地方。它们就像一幅规模宏大的现代

---

① 　瓦西里·康定斯基(1866—1944),俄罗斯画家。——译注

主义油画中那些抽象线条上的小点。这些对立设计让想象力自由地沿着自己选择的道路前进，但其中至少有一条通向人与自然的共存。

开启生物健康文化

　　各个生物群落之间有大片芦苇荡和草地，只有通过安装了低矮金属围栏的人行天桥才能进入。这些芦苇荡和草地只不过是孩子们创造秘密基地和通道的游乐场。另一方面，由于芦苇荡和草地之间的隔断，生物群落的存在突出了对乡村健康的保护，而斯科纳每个人都知道这个世界正受到威胁。这道隔断使人们敏锐地察觉到现实与理想世界之间的距离，并立即提出城市化在何种条件下有助于实现生物健康的问题。一些当地居民对这个问题有着清晰的认识，他们将自己位于河岸的房子变成了生态运动的象征。由于中央公园是新区居民散步的主要场所，我们希望游客们在这里提出的问题有助于形成关于马尔默和斯科讷地区生物健康、景观历史和绿地萎缩的公共话题，为可能的重生拉开序幕。在散步过程中，当地居民有一个共同点，那就是他们都习惯独来独往，不太愿意相互搭讪，即所谓的瑞典人的害羞。哈贝马斯倡导的沟通行动以及交往理性的仪式在这里不太可能出现。但就像在穆耶尔学校一样，当孩子们在花园或水流的一角发现了意想不到的生命形式时，他们的热情会成为将父母聚集在一起的媒介，开启一段相互交流的短暂时光。通过这种方式，花园里天然的生命文化就能从偶发的探索和邂逅中产生。这种生命文化或许与斯蒂格·L.安德森的设想并不完全一致,而且会以他无法预料的方式进行。但有一点可以肯定:只有大自然依然充满生气,对大自然的集体关注才能持续下去。而社区居民越来越多的关注,才是花园能够留存的最佳保证,也是人们共同关注自然健康的重要开端。

第四章　一种关于生物健康的建筑理论

　　对建筑实践的描述提供了构成建筑理论框架的原则示例。这种从特殊到一般的方法反映了一种在具体情境下思考建筑的方式。每种情境都是独一无二的,这里提出的原则既不是建筑项目设计的标准,甚至也不是指导方针,更不是勒·柯布西耶所说"让好事畅行无阻,坏事寸步难行"或确保实现某种理想的警世格言。在这里,理论既服务于对实践的反思,也服务于实践本身。它既是启发性的,也是批判性的,因此可以进一步讨论和修正。原则并不是概念,它无法像生成算法或规范行为那样,在抽象思维领域中清晰地勾勒出一个精确的对象。与行为手册中的规则不同,指导原则并不规定行动,而是描绘出适应不同情境的行为视角。此外,投射性思维在建筑师设计方案并正式绘成图纸时,所遵循的程序因建筑师而异,因项目实施的不同时刻而异。因此,他们所采用的指导原则必须保持一定的灵活性,能够适应创造性思维的变化。我们注意到,许多建筑师在进行建筑实践时,会将建筑元素的绘制和设计与特定的空间相结合,以至于一眼就能辨认出其作者。而我们接下来将要探讨的原则也是如此:这些原则会培养机械性的思维习惯,从而使人的注意力集中在更复杂的层面上。打个比方,学习演奏音乐、驾驶汽车、滑雪或其他任何运动,都需要专注于一些最基本的姿势,只有当这些姿势成为一种身体的本能、一种机械行为之后,学习者才有可能通过学习新的动作来获得真正的能力,进而达到技艺精湛的境界。因此,即便每个行为都有不同的解释,但这些一环扣一环的行为却自有其道理。这一点值得再三强调。建筑行为与居民行为紧密相织,但居民行为本身是变化无常的,他们是历史的承载者,换句话说,是无法先验定义的前进方向。

我对大部分实践活动的描述都是先介绍设计理念,然后反思项目与文化的融合。实际上,这种介绍顺序与项目的展开顺序截然不同,一个项目要经历模糊的探索到方案的制订,再到执行文件的准备,最终才是施工本身和最后一刻的评判,以及或许会对结果产生极大影响的修改。如果说任何表述都必须符合文本或叙述的线性结构,那么当可以没有限制地思考实践中的所有原则时,投射式思维就会变得更有力量。但对建筑实践理论的抽象阐述无法摆脱叙述的线性结构。因此,我将首先介绍将项目融入文化的相关原则,这样可以避免混淆叙事顺序和逻辑必要性。而构成这一理论框架的相关原则将其后的正文中标注出。

建筑项目与文化的融合

第二次世界大战结束后,建筑实践经历了两次重大变革,现在正面临着颠覆性的第三次变革。战后重建工作,尤其是令人难以置信的农村人口外流和城市发展的加速,促使建筑的角色向大规模建设发展。因此,建筑师与其客户或客户代表之间的直接关系已经让位于与公共机构、国土整治工作者以及开发商之间的机构关系,他们都是官僚化和标准化的客户代表。建筑师失去了与客户之间的有机联系,而这种联系能够激发他们的直觉,让他们真正为客户服务。这个领域的经济重要性引发了设计和监管公司竞争的加剧,开发商和城市规划咨询公司也不断涌现,这些都导致了建筑师活动范围受限,被逐渐推向越来越边缘的角色。他们试图退守防御阵地,与有限的参与者展开合作。公共建筑竞赛的普及只是加速了建筑美学自主化的进程,增加了官僚代表的权重,而减少了与机构参与者的对话。第三次变革源于公共当局、经济主体以及普通民众对气候变化相关风险认识的缓慢提高。这导致在全球范围内逐渐出现了一种有关共同利益的新定义,即生物健康。简言之,人类的生存要求我们改变自己的经济和生活方式,并且提高我们在所有工作领域对话和相互倾听的能力。有鉴于此,建筑师可以积极主动地发挥作用,在设计过程中扩大合作对象的范围,以便理解并考虑不断变化的人与自然关系的新视角,并与甲方建立新型联系,使他们参与构建追求生物健康的实践意义。因此,我们的目标是将建筑学纳入一种关爱地球且在地方一级保持警惕的创新文化领域中。

　　每个建筑项目都有截然不同但又不可分割的两个方面。其一,建筑项目改变了当地的居住环境,并在一定程度上受其影响;其二,它会造成当地经济和政治力量的瞬间集中。建筑师能够通过某些方式在这两个方面扮演积极的角色,而不是成为消极和无力的旁观者。我们接下来将讨论建筑方法的一些策略,它们分别对应以下三个问题:项目如何融入当地文化? 如何鼓励居民参与创建共享文化? 如何通过激发相关人员的想象力来克服操作瓶颈?

将建筑项目融入当地文化

　　在快速发展的城市中,人们最熟悉的景象莫过于推土机铲除树木,平整土地,为建造与时代相称的现代化建筑打下平坦的地基。但这已经成为过去式。这种建筑思维方式不过是近代的遗留物。与 20 世纪主张彰显每件建筑作品独立性的趋势相反,我们应当认识到,建筑需要融入一个先于它的世界。这种融入具有双重性:一方面是融入人类世界,即融入社会及其文化;另一方面是融入非人类世界,即融入庇护自然生命和自然力量的生物环境。

定位与安居

　　建筑需要融入一个已经有人居住的世界中,每一个新造的物体都被置于某个意义领域,这个意义领域会对居民进行预设,并从一开始就将其置于对他人封闭或开放的境况中,这就是所谓的情境定位(situant)概念。因此,安居(habiter)依赖于定位(localiser),而情境定位本身又反映了安居生活的转变。然而,这种安居和定位的辩证关系仍然是脆弱的,因为它容易受到物质环境和社会环境变化的影响。

诚然,情境定位会受到安居生活的影响,但这在社区层面上才会显现出来。同样,安居所提供的支持也并非总是得以保证:相遇可能会迎来开放,也可能会遭遇失败。虽然融入现在的人类世界将面临重重困难,但我们并不会因此忘记,建筑还需要融入环境和历史之中。

欢迎与探索

每一件建筑作品都沉浸在人类和非人类的生活环境中,也沉浸在历史和建筑的环境中。它既可以暗示每个个体的相互独立,相反,也可以鼓励居民探索周遭生活及历史的各个方面,无论是社会方面还是自然方面。

建筑承载着人类群体历史性的一部分,但建筑仅限于与历史分享生命和自然力量之间的这种关系。现如今,我们对自然环境的兴趣要求我们反思人类与非人类关系的历史,因此,也邀请我们思考人类及其所建建筑的地方史。

庇护与逃生

庇护所是对世界的一种文化布局,它使人类能够适应自然条件的多样性,并在对他者、自然环境、非人类存在的接纳与拒绝之间建立界限。只有了解庇护与逃生之间的辩证关系才能防止人们受困于庇护所之中。

建筑有责任提供庇护。寺庙、教堂、房屋、工厂、办公楼、博物馆和陵墓都是庇护的文化变体。但建筑还应该推动生活超越眼前的桎梏,鼓励想象力的发挥,促进交流沟通以及对非人类世界难以预测的探索。它必须创造开放式庇护所,让人们能够在封闭与向他人开放之间,在"作茧自缚"与自然活力之间自由穿梭。现代办公楼的建造者们关心他们所建造的庇护所的能源效率,却假装忽视窗户应该能够随意开关这一事实。打开窗户象征着获得自由,能够呼吸世界的新鲜空气。换句话说,走出禁锢是走向自主的一个小小的姿态。

促进自主性

如果建筑不在感觉层面或话语层面上强加对日常生活空间的单一解读,而是鼓励与他人的观点相遇,那么它就能够提供以个人方式进行自我定位的可能性。因此,建筑可以通过同时创造私密空间和交流或公共生活空间来促进自主性。

把创造居住自主性视为建筑项目融入当地文化的原则之一,这似乎有些奇怪。自主性似乎是对文化融合的否定。但这种常见的表述不仅是错误的,而且非常危险。即使是鲁滨逊·克鲁索这个想象中的自主人物,也只有依靠他所融入的英国文化才能生存。融入文化是获得自主性的必要条件。但反过来,现代文化的发展又依赖于它们所创造的自主主体的能力。

而建筑可以通过促进个体发展和与他人的相遇来为此作出贡献。

我们注意到,这种思考建筑的方式在很大程度上让我们远离了导致居住空间标准化和建筑设计官僚化的现代主义简单化。相反,我刚刚概述的四项原则中的每一项都要求我们对每个项目都进行辩证思考。

考虑到当地文化背景下每种住房情况的特殊性,并不排除需要在项目实施过程中遵守某些伦理要求。对于建筑师以及其他为客户提供服务的职业来说,这一点同样适用,因为客户往往无法清楚地说明他们的要求以及这些要求的实际影响。就像我们期待医生诊断病情,教师确定课程。在关注当地生物健康的背景下,我们期望建筑师能够促进居民与非人类之间建立起新的共谋关系。

鼓励居民积极参与

规章制度和风俗习惯构成了一套不容忽视的集体义务,但遵守这些规定并不能体现出对居民的特别关爱。当代社会非常重视个人自主权的行使,而建筑可以通过帮助居民与他人接触,创造开放的氛围,促成当地文化的形成,从而对居民表达关切。向他人开放往往是一种传递性行为,只有当我们自己感觉到自己是被关怀的对象时,才能做到这一点,即这种感觉是支持我们对他人开放的基础。这也是本文提出的建筑实践的基本原则之一。如果项目为此做好准备,那么这种对他人开放的态度就可以促使居民与他人进行分享,鼓励一种集体文化的形成。虽然实现这一目标的方法有很多,但当建筑与神秘感联系在一起时,似乎一切就会变得容易得多。我将在后文讨论,这些集体文化形式在何种条件下可以趋向于对非人类世界的关注。

关爱他人,关爱自我

建筑必须让居民感到自己是被关注的对象,这就要求建筑师注重了解居民在将要进行建造的地方所面临的种种困难。分析日常生活中的冲突以及可能面临的空间使用问题,建筑师需要以此为起点,才能创造出关心居民生活的住宅形式。

除了坟墓和柱上苦行者(stylite)的柱子外,所有的居所都是互动场所。其中一些很容易想象,另一些则需要大量的观察和分析工作,但建筑师的报酬方式并不鼓励他们这样做。因此,对设计的关注往往只集中在业主的财务考虑上,而忽略了居民、员工、访客所面临的日常冲突,虽然他们才是建筑师应该代表的人群。在缺乏关注的情况下,居民采取自我防御态度往往是最稳妥的做法。然而,这种做法也使得对他人开放的希望破灭。

支持向他人开放

主体从自己作为客体的体验中获得的满足感,能够支持主体在活动中积极向他人开放。

费尔南德·莱热与勒·柯布西耶一样,希望整个社会都能投身于对现代性的追求中。然而,他反对勒·柯布西耶在设计工人阶级住房时采用的纯粹主义建筑理念。在他看来,现代建筑中不加修饰的白色显然会使"普通人"感到困扰,因为"他们生活在复杂的装饰之中",所以必须倾听他们的心声才能赢得他们对现代项目的支持。[①] 从某种意义上讲,这涉及"支持"的概念:建筑物可以证明建筑师对居民生活的关注。当居民确信自己是被关切的对象时,如果建筑形式能够暗示他们拓宽社会关系,他们就会向他人敞开心扉。我们在这里总是讨论象征层面的东西,但谁会忽略历史上伟大的建筑作品也同样是一种象征呢?

鼓励形成共享文化

在建筑作品的激励下,居民们能够展开反思和辩论等创造性活动,构建一种地方文化和对创新社区的归属感。这些辩论可以在社区内引发一个或多个领域的创新举措,因此可以导向一种新文化的形成。

社区新文化的出现必然是社会动态发展的结果,且并不局限于由居民单独采取的举措。在社区或其周边环境中,一些特别关注非人类世界问题的行动者们组织在一起,可能会引发意想不到的创造性辩论,并预示着社区内的小团体在建筑施工结束后的新举措。然而,任何社区的活力都取决于居民的参与,而居民的参与则取决于建筑给予他们的外部支持感。正因如此,建筑翻新工作有时能够为当地文化带来希望和生机。很明显,

---

① 费尔南德·莱热(Fernand Léger),《绘画的功能》(*Fonctions de la peinture*),Paris:Gallimard,2004 年。费尔南德·莱热在《绘画的功能》一书中(第 183 页)对现代主义建筑师说:"这并不是对'蛊惑人心的妥协',绝不是。这是人性的必然,意味着在触动人民、触动群众的作品或成就中,那些领导或指挥他们的人有必要倾听他们的心声;否则,你们将犯下最严重的错误,你们至少要看一看,倾听一下他们的呼吸。"

建筑学当前面临的挑战是寻找一种能够激发与自然互动形式的象征性模式。唯有建筑师开始追求与自然为友,聆听自然之声时,建筑才能找到这种模式,但是反过来,建筑本身也可以促进或暗示居住地与自然的贴近。

创造神秘

当一系列明显属于建筑作品的符号产生效应时,它们会呈现出一种系统性的表象,但在项目设计或实施过程中并不会提供具体的含义。通过传递一丝神秘感和几种阐释的可能性,建筑作品创造了一个辩论的空间,从而邀请其居住者去理解、去观看、去体验、去欣赏,以及去改变。

自称受科学中的理性主义模式支配的社会想象贬低了神秘感,将其等同于一种神奇的思维方式或简单地贬为无知。然而,神秘却是日常生活的核心。无论是在政治、经济、工作还是家庭生活中,我们都在不断地思考明天会发生什么。气候的未来、生物物种的未来、我们自己的未来,这一切都涉及神秘,它将我们聚集到一个相互交流的世界中,使我们融入公共空间。建筑学就是要创造出赋予神秘生命的形式,并通过破解神秘,将人们汇聚到一个新的公共空间。

希望建筑师关心居民是为了消弭分歧。建筑师的工作条件往往会引发其他问题,比如工程融资、获得建筑许可所需的时间、协调各方可能针对项目可行性提出的不同观点。当建造地点面临自然灾害威胁时,情况尤其如此,而且理由更为充分了。因此,尽可能限制参与项目的人数,并根据不可避免的制约因素进行调整似乎是合理的。遗憾的是，这种态度却适得其反。它往往导致失败而不是成功，而且意味着放弃对生物健康开放的态度，因为这还不是建筑界优先考虑的事项之一。然而你不必成为英雄，也可以承担起促进生物健康的责任。首先，应该将选址视为项目优势。然后，我们便可以设想与自然接触的形式，这些形式不仅可能为建筑居民带来附加价值，而且还可能为他们所在的社区或城市带来价值。矛盾的是，当计划中的项目遭遇困境时，寻求与自然的接触反而会更加容易，因为只有通过改变问题的关键并作出新的想象，才能解决这种问题。最后，正是扩大参与协商的人群，为民选代表或业主提供了展示其创新能力的机会。

打开想象，突破桎梏

项目选址

一般来说，地址（site）是指被人类改造过的地方。简言之，我将"选址"（prise de site）定义为将一处地点转变为建筑场地的决策。在这种情况下，选址涉及在规划的空间内创造情境，使居民能够体验居所与自然之间的新关系，同时让他们感到自己是当地社会和项目业主关心的对象，从而获得满足感。

一般情况下，被选定的建筑师并不能参与对选址的讨论。他要么放弃，要么考虑如何利用现有条件。例如，规划中的住宅与周围环境，甚至是超出场地边界的环境之间的关系，很少受到密切关注，因此建筑师可以通过展示场地内建筑物的布局如何为整个项目带来附加价值，从而开辟意想不到的视角。这种开放性意味着,除了项目的技术和经济考量,居民和利益相关方还可以评估该项目为当地社区创造的新共同资产的价值,并从居住地与生物健康之关系的角度对项目进行定位。将自然灾害考虑在内会使选址变得更加容易,因为受自然灾害影响的区域很少与待建地重合,并且风险的强度也因地点而异。

融入自然

融入自然构成了对自然存在和生物脆弱性的务实认识。这不仅涉及行动,还意味着认识到其他非人类生物的存在,关注它们并将对它们的关心内化。

对于许多城市居民来说,这可能显得非常抽象。然而,任何一位业余钓鱼者都能敏锐地意识到这一点。河流是脆弱的,其健康极易受到威胁,也很难恢复。因此垂钓者不仅仅是捕食者,或许更是河流健康的保护者。这只是其中一个例子,我们还可以用无数其他方式来想象人与自然之间的关系。知道并感觉到自己是大自然某一部分的共同创造者,我们人类远不是以审美者的身份在享受大自然,而是在创造一种文化,这种文化就反映在我们的周围和居住环境中。我们稍后会看到建筑设计和空间规划如何发挥作用。但重要的是要明白,在项目设计之初,甚至在此之前,致力于生物健康的视野就可能成为未来计划的一笔意想不到的财富。

突破限制

建筑习惯的重压和自然灾害的存在日益引发公共当局的不

安,这些因素结合在一起导致许多建设或翻新项目陷入了僵局。这些制约似乎抹杀了未来。建筑学却通过提供一个可实现的模糊图景,提出了新的挑战。因此,每个参与者都可以形成新的观点,对不同集体项目的探讨也就随之展开。

凯斯汀·萨赫林-安德森(参见第三章)展示了建筑项目,尤其是创意竞赛的项目,如何提出新问题,并引导参与者改变之前的立场,为建设进程铺平道路。[①] 她还指出,建筑师往往没有意识到他们的项目所扮演的角色,一再坚持自己的建议,结果发现自己被排除在后续的探索之外,而这些探索其实源自设计中存在的模糊性。因此,重点在于我们必须认识到,设计图或许能够提供打破僵局的契机,但它并不是解决方案,它只是开辟了一条道路,能够对参与最终决策的利益相关群体进行引导。同样,将该群体扩大至其他参与者,如国家林业局(ONF)、水利研究机构、地方生态学家小组,可以创造一种新的动力,将团队的想象力从眼前转移到尊重自然的未来。

共同商定

对于涉及多个独立决策者的项目,特别是城市规划项目,项目转型需要经历集体协商阶段,包括与未来实施项目的相关人群进行沟通。在没有一个对所有利益相关方都拥有权威的项目业主的情况下,建筑师可以组织一系列讨论磋商,与各方探讨能够促进项目发展的可行方案。

---

① 凯斯汀·萨赫林-安德森,引自米歇尔·柯南、卡纳·比尔塞尔、斯坦·格罗马克、埃里克·詹特森,《建筑师:市政当局城市形态重建的参与者》,前揭。

　　在那些复杂的项目中,居民和左邻右舍很少对这些项目的关键问题和外部经济问题有清晰的共同认识。他们的干预增加了本已复杂的项目的不确定性。因此,机构决策者出于政治上的谨慎,往往会将他们拒之门外,这有时会导致局势僵化、产生敌意,阻碍所有对话的可能性。通过可自由修改的方案图纸,允许居民表达真实的焦虑或抱怨,则从根本上改变了局势。建筑师借此探究不同的观点,并鼓励包括居民在内的各参与方,共同提出符合法规和经济限制的集体需求。这种方法可以引入一些在设计之初没有考虑到的主题,比如与生物之间的关系。重要的是要理解,这种协商工作的目的并不是确保居民或决策者参与项目设计,尽管这项工作确实会产生大量的图纸。实际上,这是为了利用所有参与者的能力,将意义投射到严格来讲并不精确的、模糊的图纸上,从而使他们对项目的期望保持一致。这是一个公开澄清项目意义的工作阶段,是绘制一份或多份项目图纸的先决条件。

项目设计

　　我们刚刚谈到的观点提到了新的展望,以及建筑实践在设计和施工过程中与业主和合作伙伴之间的新定位。简而言之,这不仅仅是要发明新的住宅形式,更重要的是要为居民带来新的活力。我们需要创造一种建筑,来鼓励居民反思人类的意义及其与非人类之间的关系,并在生活中加以实践。

　　显然,对当地文化以及当地人与非人之间可能形成的特定关系的关注，与现代主义中以瑞士手表的完美机械为模型构想的国际建筑项目背道而驰。因此我们要解决的第一个问题是，探索每个地方、每个建筑师的建筑创作潜力。接着，我们可以考虑第二个问题，也是更困难的问题，即如何设计空间来激发居民的想象力，而又不至于让他们陷入幻想的世界。整体思路很简单：通过建立支持体系，激发多种阐释之间的辩证关系。从根本上说，这只是在创造情境，让居民自己能够在两种或多种对其处境的解释中作出选择，并最终产生意义。这就是我们将要讨论的第三点。如果这种开放性吸引了一定数量的居民，那么他们就有机会成为集体意义的生产者，而如果他们与活跃在当地环境中的人接触，那么他们就有机会参与新的实践。

发掘建筑设计的潜力

建筑学院要求学生在完成毕业设计的同时，提交一篇分析项目背景的论文。虽然其初衷值得称赞，但结果却不尽人意。除了题目和作者姓名，论文和项目设计有时南辕北辙，毫无共通之处。原因很简单：分析与设计过程脱节。分析越是深入，似乎就越难转化为项目。为什么要将建筑项目视为论述的具象呈现呢？这是两种不同的思维模式，其结构并不具有因果关系，对于二者之间的差异应该创造性地加以利用。而我呼吁他们使用创造性评估方法（见第三章）。这种评估可以与建筑师选择的灵感源相结合，以促进或指导项目设计。事实上，这种方法不仅不会限制设计，反而让建筑师能够掌控整个项目。在某种程度上，这两种方法能够帮助建筑师更轻松地建立基准，在设计的任何阶段,当然也包括建造工作初期,以这些基准来指导和讨论项目。探索不同居民的日常使用问题,以及这些问题在不同地点的表现方式,使我们回到项目所针对机构的具体层面上,但这并不意味着创造性评估与常见的互动分析之间存在对立。互动分析涉及一种特殊的知识建构方式,它需要建立一种对话,将语言的使用与形象图式的使用联系起来。事实证明,这些模式有助于形成一种居民认可的、能照顾到他们生活的建筑。

创造性评估

这种评估方法的关键在于,研究服务对象的同时,在分析的各个阶段考虑发展的可能性。这尤其意味着,分析本身在某种程度上受到所设想的发展可能性的指导。

不难想象,这个出发点很可能会指导所有后续的发展。那么,从哪里开始呢? 这个问题没有必然的答案。但另一方面,每个项目的需求都会开辟可能的分析途径:地点、历史、某些利益相关者相互矛盾的期望等。每一条分析途径都为探索提供了契机。创造性评估的作用在于创建了一个没有层级的、可能的项目树状结构,交替使用分析观察和图表方案,直到一条道路自行浮现。

灵感源

建筑师提出的基本目标被添加到方案中,旨在指导方案的设计。

作为一个目标、一种视野或一次创造性游戏,这当然意味着我们要摆脱"清白色掩护的空纸"①,但对于建筑师来说,这也是在向居民展示一份尽管他们从未要求过的礼物。灵感源建立了一种在同一时间、同一地点召唤预期空间以及不同世界的方式,为居民想象力的发散奠定了基础。

日常使用问题

这些日常生活中的困难,一方面来自特定空间的空间组织,另一方面来自参与者的日常实践,这些实践是重复化和仪式化的,引发了在该空间内的角色互动。

每栋建筑都有形式多样的活动空间,每个组织的特定习惯会使得在一天中的某些时刻,不同角色会产生互动。如医生、护士和病人,或者幼儿园教师、幼儿园专业区域代理人、学生和家长,这些角色会反映不同的视角。有的空间组织会导致扮演其中一个角色的人与其他人之间存在潜在或明显的冲突,而相反,另一些空间组织则会努力防止这些不同观点发生碰撞。值得注意的是,一般来说相关参与者不会将空间的组织方式视为冲突出现的一个因素。我们似乎可以重新制定组织规则,或者将冲突归咎于应该通过自身努力来消除的心理原因,毕竟房间的墙壁和门窗的位置是无法改变的,而建筑师的特权就是随心所欲地移动它们!

---

　　① 出自法国诗人马拉美的诗歌《海风》,以下为卞之琳的译文:"肉体真可悲,唉! 万卷书也读累。/逃! 只有逃! 我懂得海鸟的陶醉:/没入不相识的烟波又飞上天! /不行,什么都唤不回,任凭古园/映在眼中也休想唤回这颗心;/叫它莫下海去沉湎,任凭孤灯,/夜啊! 映照着清白色掩护的空纸,/任凭年轻的女人抚抱着孩子。……"——译注

设计方案

建筑设计图无论是否带有注释，都可以表明空间的组织原则，展示空间的拓扑特性，并蕴含着与日常生活的使用问题相关的意义。它并不是一种空间模式，而是为空间设计者提供可能研究方向的指示。

日常生活中的问题在任何学校都类似，但又不尽相同。虽然所有隶属于国家教育部的学校都涉及相同的角色和运作规则，但从一个社区到另一个社区，一个城市到另一个城市，不同的学校组织之间依然存在差异。因此，当需要实施某个特定项目时，总是有必要更新对所在学校典型日常问题的认识。为此，最好把关注重点放在项目中几个尤为重要的空间上，如学校的教室、餐厅和家长等候区。对于每一个空间来说，召集能够代表在空间内遇到的各类角色的人，与他们一起讨论在那里出现的日常生活问题，这是非常有效的。一旦参与者辨认出他们所熟悉的问题情境，讨论便会由此展开。然后就轮到主持讨论的建筑师让他们描述他们所在空间的特殊性，以及在那里发生的不愉快。接着，建筑师可以与他们一起探讨几种改造空间、缓解问题的办法。一般来说，最初提出的方案会引发进一步的讨论并引起集体关注，建筑师可以借此发现在最终方案中对群体而言最重要的元素。为了记住问题的关键方面，应该将设计方案妥善保留并加以注释。这些设计稿是项目管理中非常有用的工具，尽管它们在最终呈现的空间设计中往往不那么显眼，因为在最终的项目设计中，建筑空间的尺寸通常优先于拓扑关系，而且在同一个项目空间中，可能需要考虑涉及不同问题的多个方案。

对多种阐释之间的辩证关系持开放态度

但如果仅仅关注日常生活中的问题，可能只会凸显机构的逻辑。这无助于积极引导居民形成关注生物健康的文化。因此，有必要找到一种建筑介入模式，使我们摆脱片面的解读，有机会发散自己的想象力。利用象征性物品来引起人们对生物健康主题的关注，可能会被认为是无的放矢，甚至被认为是一种浪费。在最好的情况下，这些新增的、与机构格格不入的物品会被视为装饰品，并因此在居民的生活中被边缘化。所以我们需要反思，项目中的元素如何承载多重含义，一方面完全适应机构，另一方面又与生物健康息息相关。从某种程度上讲，变形是文艺复兴建筑的基本原则。帕拉第奥①发明了一种设计别墅的方法，这种别墅不仅居住舒适，还能让人联想到罗马的神庙。而英式的花园也充满变形的乐趣，从适合花园的游戏室和餐厅，变成了哥特式废墟，让人联想到理想中的祖先形象。通常，人们只能从一个角度去看待这些花园：外部是废墟，内部是游戏室或餐厅。但为了进一步解放想象力，我们也可以随意从两个不同的视角来自由审视同一件物品。这种对立设计甚至可以与其他元素相结合，创造出想象中的线索网络，以增添居民的乐趣。

---

① 安德烈亚·帕拉第奥是意大利文艺复兴时期的建筑师。——译注

变形

建筑可以创造出多种阐释，因为它除了提供实践和物质现实外，还可以为想象力的飞扬提供隐喻。这就是我说的变形。为了提供一个没有固定含义的视野，它位于抽象与表象的边界。

只有当变形不是字面意义上的变形，当变形的形式不是想象中物体的标志性表现，而是指向想象中物体的索引时，变形才真正具有意义。现代建筑运动在其跨大西洋主题的变奏中提供了无数例证。它可以基于从想象中借用的符号的扩散，或基于表象的游戏，甚至基于尺度的变化。

对立设计

建筑在建筑规模或建筑环境上的显著特性，使人们能够从两种相互矛盾的角度来感知它：一方面，作为现实原则的表现空间；另一方面，作为变形的空间。

这意味着要在建筑物表面或在整个街区的范围内，将建筑的形式和外观相分离，或者在建筑物或街区的内部和外部制造差异。所有建筑手段，如造型、材料、颜色、光线，都可以加以利用，只要能够引导人们进行双重解读，让观察者在对建筑物的两种可能的阐释之间摇摆不定。显然，旧城改造提供了许多对立设计的例子：人们可以在其中看到现代性、现实原则，或者是地方神话以及对古老城市的想象。

交织

不同建筑形式之间的敏感关系会指向不同的领域，使得居民有可能在这些领域之间充分发挥想象力,上下求索。不同想象框架内,矛盾表达的集中呈现会吸引想象力在其间逡巡,不同动线也会表现出错综复杂的态势,这些都会形成一种交织。建筑交织的目的是让居民养成对该地进行想象、探索的习惯,而这种习惯为他们之间的交流和发展提供了媒介。

在某个街区内,当一些无法被同时感知的对立设计同时存在时,居民们所走过的每一条动线,都会创造出独特的轨迹,这种轨迹能够将截然不同的想象串联起来,例如,与城市历史和自然相关的想象。想象与现实的交织是我们在城市中心生活所能体验到的核心乐趣,而且比在城市的其他任何地方都更加强烈。

提出选择和产生意义的情境

迄今为止所介绍的内容都强调了建筑的象征维度,它有可能激发居民的想象力,促进当地文化的出现。在上一节关于建筑项目融入文化的内容中,我强调了集体活动的作用,以及积极参与促进社区生物健康行动的重要性。然而,在某些时刻,居民必须从想象转向实际,而我们仍然需要研究建筑环境如何帮助他们实现目标。可以肯定的是,无论我们所处的空间多么狭小,自然总是无所不在,并且我们总是有可能激发这种存在。① 然而,这需要一定的智慧,因为大自然似乎常常是麻烦的根源:大风刮走了雨伞,水坑迫使人绕道,乌云预示着暴雨或惊雷,小路

———————
① 即使是星际旅行也无法让我们脱离自然,除非我们设法到达黑洞的另一端……

会变得泥泞并弄脏你的鞋子,而太阳晒干了阳台上忘记浇水的花朵! 如何帮助这些脆弱的小精灵破茧而出呢? 或许这很简单,我们只需要扩大茧的范围,让居民在其住所周围的许多地方都感到宾至如归,确保他们从城市本应为他们提供的流动性身份认同中获益。居所尺度变化的目的正是改变人们看待他们所共同生活的地方的方式。这种变化为人们提供了机会,将居住地作为旅程的一部分,去发现意想不到的自然景观。引入隔断,突出人类环境与非人类环境之间的割裂,是激发人们关注的一种方式。在面临自然灾害风险的地区,人与自然的关系显然更为复杂,因此需要引入一种过渡性物品,使居民能够在充分认识风险的情况下,体验与自然的积极关系。了解气候变化导致的生物世界的改变,使我们不得不承认一个显而易见的事实:自然在历史进程中发生了变化,而人类与自然的关系也发生了变化。因此,通过建筑,历史的痕迹提供了另一种对居民进行叩问的可能性。事实上,当地建筑证明了建造者的实际或象征性意图,即使只是通过材料的选择和使用方式。对于那些懂得从这个角度看问题的人来说,这些意图同时也是人与自然关系的表达方式。所以他们在附近最新遗留的痕迹,让我们有可能把对当前自然变化的关注与对过去的关注联系起来。正如我们所知,这种联系与对当代世界所带来的解离感的认识是相伴而生的。这是我们将要谈论的最后一点。

改变尺度

　　从狭义上讲,建筑尺度是指在可测量空间和人类生活的组织水平之间建立起一种关系：人类尺度、家庭生活尺度、邻里生活尺度、交通和公共服务尺度等。对一个社会来说，有多少种尺度就有多少种自我呈现的方式。尺度的改变会使空间的改变变得显而易见，它划定了不同的社区，并暗示了向他人开放的不同形式。

尺度的变化是为了抵御建筑界对人群的序列化指定，防止区分不同社交空间的要素的丧失。改变尺度的目的是在新住宅空间和人文环境之间建立联系，这不仅涉及在住宅和附近其他住宅之间建立起联系，还涉及在住宅内的活动以及经由或围绕新住宅的活动之间建立起联系。这是对安居生活，而不仅仅是对居住地的思考，换句话说，是对即将迎来的生活活动，而不仅仅是对建造时可以预见的重复习惯的思考。

动线

使人员、生物物种或自然元素流动的规划。

步行毫无疑问是将居民及其邻里（不管是他人还是自然）联系在一起的活动之一，并且通过其连续性将差异转化成了熟悉。遗憾的是，汽车交通的扩张大大减少了允许自由步行的道路、小巷和通道网络。水路的情况更是如此，但水路又为我们提供了得以接触某些生物物种的特权。此外，我们在考虑人类活动时，还应该考虑其他生物物种可能的活动轨迹，特别是植物、昆虫、鸟类和其他动物之间的联系。想要实现人类与非人类之间关系的转变，必须更新人类与非人类相遇和往来的条件。

隔断

项目的开发会凸显建筑群或社区中两条动线之间的不连续性,这与已开发空间的物理连续性相矛盾,并引入了一个开发项目尚未解答的问题。

在勒诺特尔(Le Nôtre)对杜伊勒里宫进行彻底改造后,巴黎人便纷纷涌入这里。游客们坐在林荫大道的长椅上,但并不是来欣赏大自然,而是来品味城市奇观,调侃大道上来来往往的同代人。将树丛与主干道分隔开来的绿篱标志着林地的戛然而止,而在这条隔断之外便是城市中心。通过对称的设计,游客只需片刻的停顿和明悟便能注意到"未知和非人类的王国由此开始",并由日常生活的视野切换到生物健康的视野。物质空间有利于非连续性的建构,让我们将目光转向新的方向。它还能改变与外部世界的触觉关系,就像当脚底接触到沙子时,人们就会感觉自己正在离开乡村,走向海洋。

过渡性物品

这就是将建筑中的对立设计集中在一件物品或一栋建筑上的结果,让居民有机会在自然灾害发生之前、期间和之后,以一种想象的方式预知灾难和社区中每个人的生活。这些对立设计应该共同构成一种介于风险存在和不存在之间的过渡性物品。

如果大自然的存在让人焦虑不安,我们又怎么能关心其健康呢? 问题在于焦虑,而不是自然灾害的风险。对于我们大多数人来说,发生车祸的可能性并不会引发焦虑,但却呼吁我们采取一些预防措施,以及在驾驶时特别注意周围的交通情况。只需系上安全带,人们就能够将精力集中在驾驶上,因为他们会清楚地意识到风险的存在和自己的审慎。过渡性物品,比如安全带,就是这样一种象征物,旨在使人保持风险意识,同时知道如何保护自己免受自然侵害。

痕迹

它们是一个地方物质存在形式消失后的遗留元素,当地建筑通过对这些元素的隐喻性利用,使其变得清晰可见。痕迹为我们提供了一种可能性,让我们可以想象当前居住地曾经存在过的生活形式。这些痕迹与仿建形成鲜明对比,因为仿建作为一种再现,标志着现在与过去之间的差异。

生活的痕迹在历史性中占有一席之地,让我们每个人都能对超越自己生命的时间进行思考,理解我们既是过去的继承者,因此也是未来的负责人。建筑可以通过隔离或者重建来突出这些痕迹。城市抑制了自然的自发形式,但使溪流恢复至其自然状态,或重新引入一种被长期放逐的物种,总是能够获得人们的关注,这并不是一种说教,而是意在激发某种集体阐释的潜力。

联系与割裂

这种建筑上的对立设计让居民看到了同一个城市中两个临近街区之间的差异,并感知到它们通过变形达成的统一。

作为一种共同利益,生物健康的悖论可以用几句话来概括:
我们如何在意识到人类与非人类之间深刻差异的情况下协调二
者间的联系?我们怎样才能在意识到彼此差异的情况下共同生
活?这个问题既涉及多样性中的城市统一性,还涉及超越不同
物种之间矛盾关系的自然统一性。建筑并不能为这个问题提供
答案,但却可以让这个问题变得更加清晰,从而成为集体思考的
对象。为此,在设计新居住地时,需要考虑到与周边环境之间的
差异,使居民既能感受到不同之处,又能发现在外观上的共性,
从而传递某种意义。这一点同样适用于居民与自然邻里或与建
筑邻里之间的关系。

秉承原则,释放创意

我所概述的原则尽管相当简洁,但都源自我的实践并始终
指导着我的教学。然而,它们只有在建筑实践的背景下才真正
具有意义。而难点在于:要应用这些原则,就必须将它们融入到
你的思想中,就好像它们是你自己的所思所想一样。归根结底,
所谓"融会贯通",即在无需言明的情况下,以行动践行原则。内
化的知识与应用的知识有着根本的区别,前者在融会贯通后,其
实施便不再需要经历深思熟虑的过程。只有在这种情况下,建
筑设计才能在追求一般的抽象目标、确保人居环境有助于反思
人的意义的同时,还能够在特定目标身上实践这些原则。那么
如何实现原则的融会贯通呢?中国的教育工作者们长期以来一

直在认真思考这个问题。他们建议反复阅读书本的每个段落，仔细咀嚼直至烂熟于心，而后再大声讲述和细细品味。① 因此，有兴趣的读者可以重读本书（或前面的几个章节），并从中受益。届时这些探讨将呈现出全新的面貌，第三章中对项目实践的描述也将有更具体的意义。在完成这项功课后你会发现，一旦忘却了所有这些公式，最后一章就成为了向每位建筑师发出的创新邀请。②

----

① 我要感谢吴欣向我介绍了朱熹（1130—1200）的劝诫，朱熹是新儒学兴起背后的伟大教育家之一，他的训诫沿用至今。此外，令人惊讶的是，中国的大学生至今仍然会在学校的花园里背诵课文。在那里，对知识的吸收是一件非常严肃的事情。见丹尼尔·加德纳（Daniel Gardner）、朱熹的《学为智者》（Learning to be a sage），摘自《朱熹在〈朱子语类〉中关于读书的论述的研究和翻译》（*A study and translation of Zhu Xi's discussions of reading in topically arranged conversations of Master Zhu*. Berkeley：University of California Press，1990）第四章和第五章，尤其是第155页。

② 1270年，在由朱熹学生整理出版的讲学笔记《朱子语类》中，朱熹说："经之有解，所以通经。经既通，自无事于解，借经以通乎理耳。理得，则无俟乎经。"引自丹尼尔·加德纳、朱熹，《学为智者》，前揭，第157页。

第五章　实践出真知

即使对理论进行深入研究也并不能保证掌握其要领，而就算掌握了理论要领也并不能保证掌握实践。[①] 正如我在一开始所说，理论源于实践并注定要回归实践。与简短的实践描述（每一次描述都说明了一定数量的原则）相比，前一章从建筑项目如何融入文化到项目理念的设计，对这些原则进行了有序的阐述，这可能会给人留下一种印象，即两个不同领域的原则之间几乎是完全独立的。但这不过是一种阐述效果。事实上，这种阐述只是提供了一张词汇表，便于我们理解对建筑实践的文字描述。然而我们不可能直接从理论飞跃到创作，就像我们不可能仅仅通过阅读有关高尔夫、医学或音乐方面的论文，就能打好一轮高尔夫，治疗好一位病人或演奏圣-桑（Saint-Saëns）的交响乐，更不用说去创作一部音乐作品了。艺术创作

[①]　受朱熹启发的中国思想家们一直强调知识与实干、抽象论述与具体实践之间的深刻区别，并坚持认为，想要取得成效，就必须超越书面知识的学习。这是学习建筑的一个基本前提：你必须超越阅读，逐步参与到设计训练中去。

是一段个人的旅程,需要在内心深处挖掘能够被观众认可的作品源泉,这段旅程具有双重矛盾性,因为它需要在现存文化——不论是过去的或是当下的,阳春白雪的或是下里巴人的——中寻找超越的源泉。我提出的训练只不过是为了展现艺术实践的这种独特性。这些训练包括用我们刚刚提到的理论来观察挑选出的建筑作品。在这里,我指的是一种特殊意义上的观察,换句话说,观察作品并不是为了对其作出美学、伦理或实用评价,而是为了弄清这些作品是如何产生,又如何融入其所在地方的文化之中的。通过这种训练,我们将发现在应用这一理论时可以促进反思或想象的因素。我们的目的并不是对那些以生物健康为实践目标的建筑作品进行盘点,而是通过研究那些预示了我所提到的某项建筑原则的作品,推断出一种构思纲要、一种空间创造的先决条件。威廉·透纳(William Turner)从洛兰(Lorrain)的画作中看到了对光线的关注,这种关注遍布在画布的每个角落。这种独创性的解读成为他深具个人特色的作品的创作源泉。① 因此,我所建议的练习也要求对建筑作品进行创造性的个人解读。

　　为了启发式地使用这一理论,我们可以用一个三行三列的表格来概括设计过程的三个主要方面与作品融入文化的三个主要方面之间的关系。设计过程的三个方面是:1)探索建筑创

---

　　① 透纳在遗嘱中坚持认为,他的两幅作品《雾中日出》(*Sun Rising through Vapour*,1807)和《狄多建设迦太基》(*Dido Building Carthage*,1815),应该与洛兰的两幅画作《以撒和利百加的婚礼》(*Le mariage d'Isaac et de Rébecca*,1648)和《示巴女王的启程》(*L'embarquement de la reine de Saba*,1648)一同在伦敦的英国国家美术馆展出。他将自己的作品捐赠给了该美术馆。

作的潜力；2）对几种阐释之间的辩证关系持开放态度；3）提出
选择和产生意义的情境。使作品融入文化的三个方面是：1）使
项目融入当地文化；2）促进当地居民的参与；3）通过解放想象
力来消除实践障碍。设计过程的每一个方面都可能有助于项
目融入文化的每一个方面。通过对经典建筑范例进行探索，我
们有可能从这些建筑实践中汲取灵感，创造设计方案，实现对
这种建筑理论的个人诠释。这些训练应该被视为游戏，就像我
们通过音阶来演奏乐器一样，尽管没有任何音乐作品是由一系
列音阶组成的。一旦这些实例填满了三四张表格，你也就掌握
了窍门。就我而言，解读作品的工作是持续性的，它为我的游
览和杂志阅读带来乐趣。在设计工作中，我并不会过多地借鉴
杂志上介绍的作品，但我确实能通过阅读杂志快速找到解决问
题的方法，而这些办法与我自己在设计作品时发现的办法，往
往是不尽相同的。在下文中，我将结合建筑师和景观师的作
品，展示一些个人阐释的实例，希望能借此鼓励大家作出更大
胆的选择，并用创造性的方法进行分析。

表1　作品设计与融入文化之间的关系

	使项目融入当地文化	促进当地居民的参与	通过解放想象力来消除实践障碍
探索建筑创作的潜力	汉斯·夏隆马尔学校（北莱茵州）	弗兰克·劳埃德·赖特让·汉纳和保罗·汉纳在斯坦福的蜂巢之家（加利福尼亚州）	乔治·哈格里夫斯圣何塞瓜达卢佩河公园（加利福尼亚州）

（续表）

	使项目融入当地文化	促进当地居民的参与	通过解放想象力来消除实践障碍
对几种阐释之间的辩证关系持开放态度	詹姆斯·韦恩斯里士满的百斯特森林卖场（弗吉尼亚州）	贝尔纳·拉絮斯加尔省尼姆-凯萨格休息区	埃里克·古尔纳·阿斯普朗德和西格德·莱韦伦兹斯德哥尔摩的林地公墓
提出选择和产生意义的情境	斯蒂格·L.安德森诺勒松比城市公园（丹麦北日德兰大区）	大都会建筑事务所，巴尔莫里协会 & 皇家哈斯科宁 DHV 公司 & HR&A 顾问公司霍博肯项目（新泽西州）	派翠西亚·约翰森旧金山濒危花园（加利福尼亚州）

探索建筑创作的潜力

　　探索是项目融入当地文化的基础：汉斯·夏隆在鲁尔区（德国）设计的马尔学校（l'école de Marl）

　　1951 年，汉斯·夏隆（Hans Scharoun，1893—1972）在达姆施塔特举行的"人与空间"会议上提出了自己的教育理念，当时马丁·海德格尔也在会上发表了关于"建筑、居住、思考"的演讲。汉斯·夏隆建议将学校构思为一座村庄，教室就是街道周围的房屋，穿过街道便可抵达中心的阶梯教室，这样孩子们就会感到"地球是一个适宜居住的好地方"①（图 10）。

----

　　①　1958 年，夏隆在吕嫩学校落成典礼上引用了布鲁诺·陶特的话。

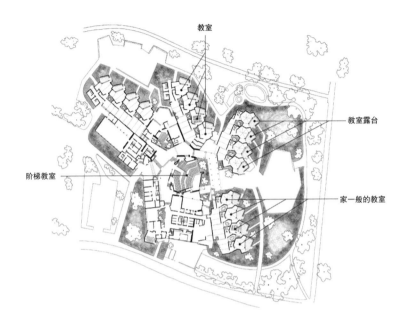

图 10　平面图©埃里克·达尼埃尔-拉孔布团队
根据汉斯·夏隆的项目绘制
马尔学校总体平面图。
学校的教室围绕阶梯教室展开，就像村庄里的房屋围绕着教堂或者寺庙修建一样。

　　灵感源是开展创造性评估的第一步：每个教室的设计都是为了给学生们提供属于他们的空间，而根据孩子们的年龄，教室的形状和颜色应该各不相同，这是为了让他们意识到自己在走向成人世界过程中的自主历程。基于这一灵感源，后来鲁尔区开展了两个截然不同的建筑项目：位于吕嫩的汉斯与苏菲·朔尔女子学校以及马尔学校。这两所学校的设计图都让人联想到村庄的形象，但它们在教室的设计上却各不相同。夏隆在吕嫩学校落成典礼上的讲话中强调，学校不仅是一个专门用于获取知识的功能性空间,同时也是一个与家庭类似的生活空间,因此它必须有利于个人的发展,并提供一定的自由空间——我会称之为逃避空间,这也是这所学校最受赞赏的方面之一。南面是为低年级儿童准备的"学校公寓"(Klassenwohnung),西面则是专门用于教学的房间,包括一个家庭科学教室和一个为他们日后进入工厂工作而准备的铁匠作坊。对建筑创作潜力的探索完全着眼于让孩子们融入当地文化。

探索促进了当地居民的参与:弗兰克·劳埃德·赖特在加利福尼亚州斯坦福设计的汉纳之家

1935 年,一对从纽约前往斯坦福的年轻教授夫妇——汉纳夫妇在塔里耶森事务所拜访了弗兰克·劳埃德·赖特(1867—1959)。建筑师仔细聆听了他们的诉求,并在两年后把房屋设计图交给了他们。令他们惊讶的是,整栋房子没有一个直角,他们还记得赖特曾提到,他对蜂巢结构非常感兴趣。如此神秘的灵感源导致汉纳夫妇很难找到有能力按照图纸进行建造的承包商,也让他们长时间地思考当初赖特为什么要构思这个项目(图 11)。

从他们的通信中可以清楚地看出,赖特将汉纳夫妇二人视为现代性的传承者,并一直关注如何打造出完全符合他想象的现代美国生活居所。这栋房子在任何情况下都以保障舒适为目标。女主人打破了维多利亚时代的传统,可以不需要仆人,即便在做饭时也总是与客人和家人待在一起。这种舒适感旨在支持居民向现代化迈进。因此,在汉纳一家表现出疑问时,赖特鼓励

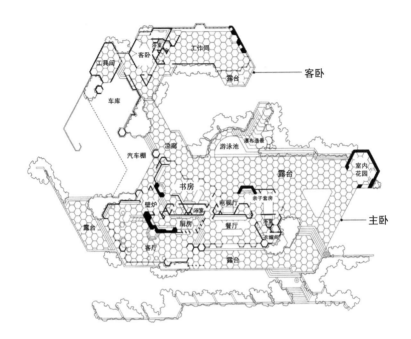

图 11　平面图©埃里克·达尼埃尔-拉孔布团队
根据弗兰克·劳埃德·赖特建筑项目绘制
加利福尼亚州斯坦福的汉纳住宅平面图。
蜂巢状的平面图改变了房屋内所有房间和周围露台的形状。图片上方的侧翼客房是汉纳一家自己按照几何图形设计的。

他们在孩子们身上发展"优仙丽亚"文化。许多年后，汉纳夫妇自己设计并建造了房屋的扩建部分，完美地延续了曾让他们感到措手不及的房屋内部布局和空间结构。他们承认，他们并不后悔接受了赖特的现代生活理念。

　　探索有助于解决问题并开辟新的可能性：乔治·哈格里夫斯设计的加州圣何塞瓜达卢佩河公园

　　圣何塞市幸运地成为了硅谷的首府。但不幸的是，瓜达卢佩河穿过这座城市,并形成了圣克拉拉河谷,这里汇集了从圣克鲁斯山脉流下的激流,经过不到 25 公里的路程,流入旧金山湾。自 1945 年以来,这条河流发生了 15 次洪灾,其中有 2 次被克林顿总统宣布为国家级灾难,一次发生在 1995 年,当时河水淹没了 34 平方公里的土地,另一次则发生在 1997 年。最初采取的保护措施是疏通河道,但却意外地使上涨的河水更加湍急,因而也更加危险。乔治·哈格里夫斯(生于 1952年)主持的建筑项目,首先基于对瓜达卢佩河流经的城市环境多样性进行创造性评估,其次基于将冲积平原上天然形成的河床形状当作灵感源。这一选择与负责该项目开发的美国陆军工程兵团(United States Army Corps of Engineers)在计算结构时所采用的水文学原理直接冲突。为了打破僵局,哈格里夫斯公司及其合伙人成立了一个由环境、生态、水文、岩土工程和土木工程顾问组成的团队,与景观建筑师一起工作,并在管理整个项目所需的 10 年时间里向 14 个行政机构提交了建议书。磋商过程虽然漫长,但却具有决定性意义。在该项目覆盖的 5 公里长的河段上,通过多个计算机模型和模拟模型,哈格里夫斯团队从水流和泥沙输送两个方面验证了他们提出的水文建议的有效性。该项目并不试图尽快疏通水流,而是要让河水溢出,同时通过增加河床的曲度和粗糙度来减缓水流(彩图 19)。

　　该项目营造的景观鼓励居民全年与大自然进行亲密接触。哈格里夫斯不惜搬迁居民、拆除房屋,将原本河流与机场之间的一个老旧社区改造成了能够容纳并减缓洪水的城市公园。这个公园的花园里种满了沙漠花卉和灌木,因为该地区一年中的大部分时间都是完全干涸的,最近甚至经历了连续 4 年的干旱。需要强调的是,这个花园得到了当地协会的持续关注,助力着这个独特的小小生物世界的演变。整个公园成为数量众多的动物的庇护所,这些动物的生存与河流的状态息息相关。公园毗邻市中心,无论是在洪水期还是枯水期,它都已然成为吸引众多游客前来参观的景点,也成为人们发现和了解大自然生命的源泉。对空间创造潜力的长期探索,有效地解决了严峻形势,为居民与自然进行各种形式的接触开辟了道路。

对各种阐释持辩证开放的态度

辩证开放的态度为融入当地环境和文化铺平了道路:詹姆斯·韦恩斯(James Wines)在弗吉尼亚州里士满设计的百斯特森林卖场(Best Forest Showroom)

20 世纪 70 和 80 年代,位于弗吉尼亚州里士满的零售连锁店"百斯特商品"(Best Products)邀请詹姆斯·韦恩斯(生于 1932 年)设计超级商场。每家商场都呈现出一种独特的对立设计,既像普通的分销连锁店(巨大的停车场等待着郊区的驾车者,自助销售大厅的过道两旁摆满了收银台),又像是一种疏离的,有时甚至是讽刺性的批判:停车场内的汽车车身上铺满了柏油,而停车场仿佛覆盖了整个销售大厅,就如同他过去设计的幽灵停车场一样,营造出一种奇幻的变形效果。后来连锁店消失

了,商店被夷平,唯有一家变成了长老会教堂。这就是里士满的
百斯特森林卖场。这里的对立设计很简单。商店及其停车场就
建在一片由过去农业荒地新近开辟成的森林中。位于停车场一
侧的建筑外立面似乎与大厅相分离,整个大厅被森林隔开(图
11 和彩图 20)。因此,游客既可以把这个建筑群看作一个带有
停车场且外墙没有任何装饰(除了零售连锁店的名字)的超级商
场,也可以看作被森林占领的超级商场的废墟。尽管设计简单,
但这个项目的内涵却出奇地丰富。它允许居民住在城市郊区的
同时,又让他们仿佛置身于一片想象的森林,一个波卡洪塔斯时
代的原始弗吉尼亚。显然,销售大厅提供了一个比露天市场更
方便的庇护所,但建筑外立面与大厅之间的缝隙又成为一条向

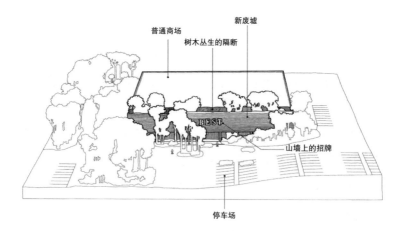

**图 11   ©埃里克·达尼埃尔-拉孔布团队根据詹姆斯·韦恩斯的项目
绘制**
弗吉尼亚州里士满百斯特商店的主停车场正面和入口。
从停车场看去,销售大厅就像一个普通的卖场,巨大的山墙上写着百斯特商店的名
字。但当你走近,你就会发现在两个立面的新废墟之间有一片树木繁茂的隔断。
通过天桥穿过林地便可以抵达这个大厅,这样的神秘设计既有趣又耐人寻味。

外界的风霜雨雪敞开的隔断,让人们暂时逃离消费主义的世界。该项目的精妙之处就在于将田园诗般的自然隐居幻想与对消费社会的讽刺交织在一起。对立设计的巧思为参观者提供了从多种角度审视自身生活的可能性,因此,这样的做法使他们融入了当地环境,而不是将他们封闭在其中。

辩证开放的态度有助于居民的参与:贝尔纳·拉絮斯在 A54 高速公路上打造的加尔省尼姆-凯萨格(Nîmes-Caissargues)休息区

　　20 世纪 80 年代末,法国南部公路公司委托贝尔纳·拉絮斯设计一个休息区,该休息区位于尼姆市所在山谷另一侧的山坡上,曾经是一个古老的采石场。拉絮斯希望游客在休息区内不仅能摆脱对高速公路世界的迷恋,还可以发现当地的风景,唤起他们的探索欲。因此,拉絮斯希望创造这样一个地方,它既能为高速公路上的旅人提供临时服务区,又能躲避山谷中常见的狂风,既能让人们认识到当地的无限风光,又能让人感受到这里值得探索的神秘色彩。然而,几年前法国南部公路公司挖掘采石场撕开了山谷,露出了岩石屏障,破坏了覆盖其上的大片灌木丛。因此,拉絮斯决定重新铺设旧地面,将其填平,并为旅行者建造一个休息花园,其规模可以让人们忘记高速公路的宏伟。他还在花园周围重建了一片种植橄榄树的石灰质荒地,以便在视觉和触觉上将花园与山谷连接起来。花园犹如一块巨大的绿毯,其长度是凡尔赛宫前绿毯的两倍。这片草坪的坡度平缓且均匀,横跨高速公路。两侧的三排朴树可以提供停车或坐下来野餐的遮阳区域，50米宽的草坪上，柏树群点缀其间，孩子们可以肆意地嬉戏玩耍。他还将尼姆剧院的旧柱子搬运到了绿毯的最高处，这座在1827年被列入名录的古迹，象征着这座城市对过去的眷恋。为了让旅客一睹尼姆市的风采，他还在高速公路两侧各建造了一座观景台，其轮廓仿照马涅塔楼，那是奥古斯都皇帝时期修复的高卢罗马城墙的遗迹。在采石场开放之初进行的考古发掘，发现了一具新石器时代的年轻女性骸骨，以及高卢罗马时期的遗迹。法国南部公路公司希望在"凯萨格夫人"（Dame de Caissargues）小型博物馆中向公众展示这些遗迹。拉絮斯建议在展品中增加尼姆市的砖雕平面图，并将其命名为"尼姆塔"（la Nimetta），以此向罗马建筑师皮罗·利戈里奥在台伯河谷蒂沃丽修建的伊斯特别墅花园"罗马塔"（la Rometta）致敬。他这样做是为了强调尼姆和罗马通过多米提亚大道取得的联系，多米提亚大道与A54高速公路一样，也是为连接意大利和西班牙而设计的，并通过奥古斯都门穿过尼姆。遗憾的是，尼姆塔始终未能建成。这片休息区因此呈现出多种对立设计。

这里可以被视为一片"乐土"（*locus amœnus*）、一个游乐花园，驾车者可以在此休息而不必将视线从汽车上移开，孩子们可以在草地上玩耍而不必担心发生意外。通过把尼姆与罗马世界联系在一起，可以将休息区看作对尼姆历史的唤醒，而周围的荒地植物、橄榄树林和葡萄园，则可以看作将地中海景观幻化为17世纪整洁花园的变形（图12）。拉絮斯经常强调这个地方的模糊性，不知道应该说是它的存在切割了高速公路，抑或是它被

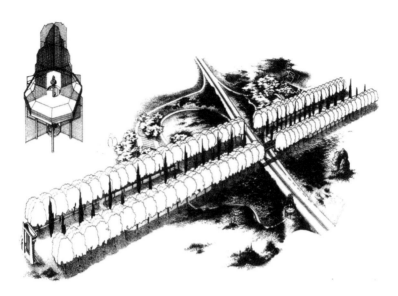

图 12　正等轴测图©贝尔纳·拉絮斯绘制

法国尼姆-凯萨格休息区轴测图。

从野餐的草坪沿着横贯高速公路的绿色地毯望去,可以看到路堤上的灌木荒地,它遮蔽了采石场,也恢复了山谷的景观。转身朝南能够欣赏过去尼姆剧场的圆柱(左下方)。漫步至马涅塔楼的模型前,则让人回想起这座城市的罗马历史(左上方版画)。

高速公路分割,不知道它是属于尼姆市的花园,因为这里有尼姆市最重要的历史遗迹之一,还是属于高速公路的花园,因为这里是一个提供如厕和野餐等服务的休息区。[1] 这种服务理念对于理解以下内容至关重要:正是通过为旅行者提供服务,他们才将目光投向尼姆剧场之柱或观景台所揭示的神秘。对地中海景观的开放想象也可能引起人们对这片自然风光的兴趣。因此,我

---

① 贝尔纳·拉絮斯(Bernard Lassus),《斜坡景观:尼姆-凯萨格休息区》(Une pente paysagère:l'aire de Nîmes-Caissargues),*Mappemonde*,vol. 1,1992 年,第 8—11 页。

们可以看到,在一个旅行者感觉自己受到关心的地方,对立设计的增加和表象的神秘是如何吸引他们超越休息区域的界限对这个地方进行探索的。

对几种阐释之间的辩证关系持开放态度能够激发想象力:埃里克・古尔纳・阿斯普朗德在斯德哥尔摩森林墓地(Skogskyrkogården)设计的森林小教堂

1995 年,埃里克・古尔纳・阿斯普朗德(Erik Gunnar Asplund,1885—1940)和西格德・莱韦伦兹(Sigurd Lewerentz,1885—1975)通过竞赛赢得了一个在 100 公顷的旧采石场上建造火葬场的项目,该采石场被改造成一片由草坡和森林组成的景观,并被诗意地命名为"Skogskyrkogården",我们勉强可以将其译为"森林公墓"。阿斯普朗德的第一个项目是建于 1918 年至 1920 年间的森林小教堂,他为此工作了 25 年,直至去世。游客从一片广阔草地的底部进入这个宏伟的景观,草地一直向上延伸至森林的边缘,右侧是纪念树林,左侧则是一条能够缓慢爬升至火葬场旁圣十字架的小路。穿过十字架,游客便可以深入森林。由此光线开始变得昏暗起来。他们可以在左手边发现被树木环绕的森林小教堂,它仿佛唤起了瑞典人对林中小屋的怀念。然而,小教堂的外观更像一座古典建筑,正前方是一个带有规则圆柱的门廊。走进这个门廊,阴影愈加浓密,后殿深处一幅巨大的壁画呈现在眼前,这里的每一处细节,从烛台到放置撒在棺材上的泥土的托盘,都是由阿斯普朗德亲自设计的:这是一个完整的建筑宇宙。

当你转过身时,建筑师所准备的变形才会显现出来:森林中的树木延伸到小教堂的柱子和门廊上,仿佛整个森林都参与到悼念活动中来,小教堂没有了边界(图13)。与19—20世纪之交瑞典城市居民对大自然的虔诚相呼应的,是一种想象的翻转,哀悼与悲伤在森林中得到了升华,反过来拥抱森林的宁静。整个景观成为了一面心灵的镜子。这座墓地是现代建筑的伟大纪念碑之一,其精神性而非形式主义使其在整个20世纪声名远播。森林蜕变为一座燃烧的教堂,带来了与自然亲密又难以言喻的接触。

图13　透视图©埃里克·达尼埃尔-拉孔布团队
根据埃里克·古尔纳·阿斯普朗德的项目绘制
法国尼姆-凯萨格休息区轴测图。
斯德哥尔摩森林墓地中的小教堂。
走进一座建在森林中的小教堂,森林使小教堂的门廊延伸至无限的远方。

提出选择和产生意义的情境

选择有助于融入当地文化的情境:斯蒂格·L.安德森在丹
麦北日德兰大区设计的诺勒松比城市公园

诺勒松比是日德兰半岛的一个小港口,正对利姆海峡以北
的奥尔堡港。通往港口的街道两边都是新近建成的三层或四层
小楼。2003 年,斯蒂格·L.安德森赢得了沿新街(Nygade)和
梅勒姆布罗恩街(Mellem Broerne)设计城市花园的竞赛。花园
在其中一栋住宅楼的宽大窗户下展开,顺着港口和停泊在码头
的船只延伸。从城市的北面走来需要经过一座金属天桥,它在
脚下吱嘎作响,标志着一条城市街道世界与外部空间之间的隔
断。天桥通往一个充满强烈对比的花园:蕨类植物和灌木丛被
地面的曲线分隔开,这些曲线的轮廓形成了相互交织的表面,上
面还覆盖着被太阳晒得发白的贝壳和黑色沥青。我们是应该走
在贝壳上(贝壳在脚下发出嘎吱嘎吱的响声,表明它们十分脆
弱),还是应该走在沥青路面上(不幸的是,沥青路面上遍布着形
状不明的水坑,不时喷出的水柱会为水坑注入生机)? 这种对立
设计非常奇怪,因为这两种选择似乎都不合理,也就是说不利于
日常使用。事实上,花园的设计初衷是供儿童游戏,而他们的观
众则能够安静地坐在长椅上,将脚放在贝壳里(彩图 21)。孩子
们通过逃离现实,进入想象的世界来实现自主。因此,散落在地
面的贻贝和蛤蜊壳不过是遥远的捕鱼记忆,让人们想象自己潜

入了大海,而沥青路面的水坑——这个项目叫"*lys asfalt*",即"发光的沥青"——反射着天空的光线,白云的倒影让沥青路面若隐若现,引人生出飞上天空的遐想。这种对立设计使平面的花园变得立体,只需稍走几步,就可编织出一段在云层和海底沙岸之间的想象旅程。你也可以坚持认为它只不过是一个公园,让人坐在蕨类植物和灌木丛前的长椅上,看孩子们在喷出的水柱之间玩耍。在花园中由北向南漫步,走过连接诺勒松比和奥尔堡之间多座桥梁的街道,可以领略从旧世界工业港口到现代港口,从废弃的金属板到停泊在码头的船只的变迁。花园将铭刻在记忆中的遗迹与当前的空间编织在一起,也将街道上的沥青、天空中的云彩与沥青路面的水坑编织在一起。整个城市变成了自然的一部分,而花园则成为了城市的记忆。该项目以自然与历史的交织为基础,通过游客与自然的接触,让想象力帮助他们衡量自然的存在,赋予场地意想不到的深度。通过这种方式,该项目利用隔断、对立、联系和割裂,使花园变成了城市与自然之间的通道。

选择特定情景促进居民的参与:由大都会建筑事务所(OMA),巴尔莫里协会 & 皇家哈斯科宁 DHV 公司 & HR&A 顾问公司在新泽西州设计的霍博肯项目

霍博肯是一个与纽约隔哈德逊河相望的小镇(图 14)。2012 年飓风"桑迪"过境时,小镇像浴缸一样装满了水,这个场景永远留在了霍博肯的记忆中。"桑迪"淹没了 1700 栋房屋,造成了 1 亿美元的损失,摧毁了配电和火车基础设施,从那时起,

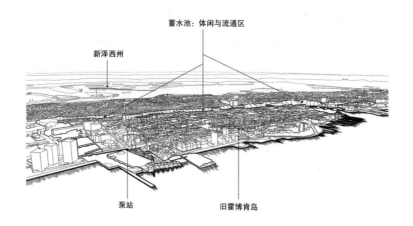

蓄水池：休闲与流通区

新泽西州

泵站   旧霍博肯岛

图 14   透视图©埃里克·达尼埃尔-拉孔布团队根据戴安娜·巴尔莫里（Diana Balmori）和雷姆·库哈斯（Rem Koolhaas）的项目绘制
法国尼姆-凯萨格休息区轴测图。
霍博肯市平面图显示了该城市起源的岛屿。
霍博肯市及其港口建在曼哈顿对面的一个小岛上。开发方案希望通过在净区（la zone claire）挖掘大型临时蓄水池从而形成一个保护区，在飓风过后则利用水泵将其抽空，使它在其余时间成为一个休闲区。

风暴就接连威胁着这座城市。只有城市的最高点幸免于难。只需一点地理常识就足以解释这些问题。这座城市建在一个小岛上，被哈德逊河的支流三面包围，并与陆地隔开。港口的繁荣促使人们填平了支流，并在上面修建了房屋。在"桑迪"的推波助澜下，海水冲过堤坝，在几个小时内就重新占据了旧日的领地，摧毁了沿途的一切。然而，即使不考虑财政困难，这座城市也无法让自己与河流相隔绝，保护自己免受侵袭，因为它的经济发展依赖于河流。总而言之，向河流敞开大门会带来灾难，而关闭港口则会使经济停滞。随着日益猛烈的风暴侵袭，这种困境成为众多易受影响的港口城市的典型情况：纽约、新奥尔良和迈阿密处于第一线,圣纳泽尔(大西洋卢瓦尔省)、波尔多、魁北克和温哥华处于第二线。

　　大都会建筑事务所和巴尔莫里协会、建筑师和景观设计师组成了一个包括荷兰水文学家和经济学家在内的设计小组,他们展开了一项研究,旨在采取将密集防守与调蓄空间相结合的措施,以吸收部分海波能量,并将水储存起来以限制其影响,以便在风暴过后将其送回河流。"桑迪"袭城后,城市某些地区的积水一个多月后才退去。因此这一次的创造性评估工作主要围绕四个目标展开:"抵御,延迟,储存,排放"(*Resist*,*Delay*,*Store*,*Discharge*)。团队成员确定了水流进入的封闭点,然后选择将已经被填平的支流改造成一个巨大的蓄水网络,以防止雨水造成洪水泛滥或海水绕过这些封闭点,从而减缓水流的渗透并储存大量洪水。最后,他们还设计了一套水泵系统,以便在风暴过后排空蓄水池。这样,旧河道就成为了环绕城市的一条隔断,根据风暴的强烈程度被或多或少地填充。而为了让更多的居民熟悉这套系统的运作,并使其像其他危险一样成为他们生活方式的一部分,建筑师建议在能够俯瞰这条隔断的堤坝上运行公共交通,以引起人们对风暴过后水流脉动的关注(彩图 22)。从某种程度上说,这种设计表达了城市与河流以及更遥远的海洋之间的联系,同时也表明了蓄水网络所保障的与水体之间的阻隔。但他们还希望更进一步,通过让居民将洪水视为大自然积极力量的一个方面,确保这种熟悉感能够帮助居民克服对洪水的恐惧。因此,他们建议在堤坝上种植树木,并将其作为步道或慢跑道。这些开发项目构成了更大绿色空间的框架,街道、停车场和公园被改造成了生

物过滤器,①形成了缓冲空间,以便吸收暴雨洪水,并为整个城市
与自然的融合提供支持。这些建议被用于与受洪灾影响的地方、
地区机构以及民众进行磋商,以便让他们考虑各种不同的方案。
事实上,这个建筑项目涉及引进大型保护性基础设施、改造城市
化区域、重新规划火车和城市交通通道,这些都意味着城市生活
和经济的动荡。联邦政府为该市提供了 2.3 亿美元的资金,但遗
憾的是,政治上的困难极大地阻碍了项目的实施。

解放想象力,选择情境以消除操作障碍:派翠西亚·约翰森
在加利福尼亚州旧金山湾设计的濒危花园(Endangered Gar-
den)

由于旧金山海湾内生活着多种海洋和陆地濒危动物物种,
这里的环境保护行动显得尤为紧迫。海湾禁止一切填海活动。
然而,该市的公共工程部门却必须安装一个系统,以便将废水从
访谷区的阳光谷(Sunnydale)流域抽到烛台点自然公园北面的
泵站。公共工程部提出的所有项目都遭到了旧金山海湾保护与
发展委员会(BCDC)和公众的反对,该委员会威胁要起诉市政
府向海湾排放污水。项目彻底陷入僵局。

为了摆脱这种局面,1987 年,旧金山艺术委员会邀请派翠
西亚·约翰森设计一个将必要的下水管道改造成艺术作品的项
目。约翰森的建议最终被采纳了,她被任命为该市技术服务部
门的副设计师,负责主持这个耗资 3000 万美元的项目,其中包

---

①　指能够吸收暴雨的区域。

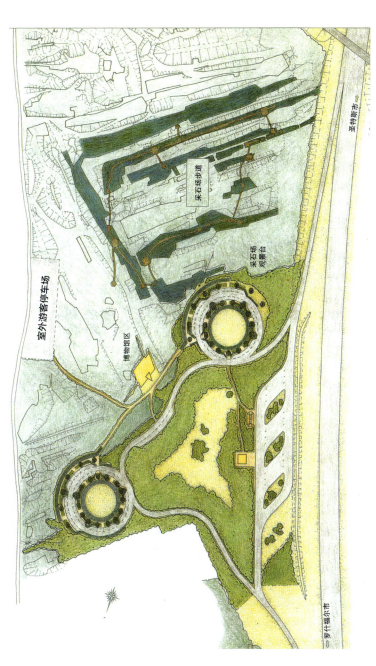

彩图 12　平面图 · 彩图 © 贝尔纳 · 拉絮斯团队

贝尔纳 · 拉絮斯为圣特斯市和罗什福尔市之间 A10 高速公路上的克拉赞内休息区设计的方案。两个圆形廊厅内没有野餐桌。与高速公路隔着一片树林。它们毗邻废弃的采石场，那里的地面远低于路面，已经成为一片荒野，仿若一个永恒不变的世界。观景台有一条通往博物馆的小路，仿佛在汽车和自然之间、现实和想象之间创造了一条隔断。

彩图 13　彩色照片 © 贝尔纳·拉絮斯团队

克拉赞内古老采石场中的蜈蚣群落。

在采石场顶端，树木生长释放出腐殖酸，改变了上层的石灰岩。为了开采建筑材料，采石工人在底部凿出一间间带有黑门的石室。后来，石室被遗弃。大自然便在这里创造了它的秘密花园。巨大的蜈蚣在采石工人的汽车曾驶过的地面上翩然起舞。

圣法尔若市的穆耶尔学校，2004—2007 年：像动物般蜷缩在两个水洼之间
建筑布局与使用：埃里克·达尼埃尔－拉孔布办公室

总平面图 1:1000e

住宅小区　　　　　　街道　　穆耶尔学校　　　溪流
　　　　　　　　　　　　　　有遮挡的走廊　　操场
　　　　　　　　　　　　　　　　　　　　　　　　水池

剖面图 1:1000e

项目规模：10813m² 项目业主：圣法尔若市
承建：埃里克·达尼埃尔－拉孔布办公室 1162m²

彩图 14　平面图·彩绘 © 埃里克·达尼埃尔－拉孔布团队

圣法尔若市穆耶尔区及其学校景观。
房屋排列在山脊线（红色实线）道路两侧，中间隔着一条由深泓线洼地改造成的城市排水沟（红色虚线）。由于学校位于深泓线底部，大门前和操场上的两处水池充盈，在这里，家长可以等待孩子，而孩子可以和老师一起探索为什么水是生命之源。

彩图 15 © 埃里克·达尼埃尔－拉孔布团队

从有顶棚的通道看学校的外壳和教室的通风天窗。

鸟岛　　　　　净化池（老鼠身体部分）　　　　　　　　　芦苇荡

彩图 16 © 埃里克·达尼埃尔－拉孔布团队根据派翠西亚·约翰森的项目绘制

"盐沼巢鼠"净化池。

前景中的芦苇沿着池岸生长一直延伸到鸟类筑巢的小岛，岸上则被大量水生微型植物占领。
来这里散步的人能够发现一片野生生物区，他们可以将其视为水处理技术区，也可以视为一
个以濒危物种盐沼巢鼠为隐喻的景观。

彩图 17　彩色照片 © 米歇尔·柯南

斯科纳地区已经消失的浮冰形迹。

浮冰既非如画风景，也非缥缈幻想，它与其承载的冰碛岩一样，呈现出一种纯粹抽象的、超现实主义的形式。人们可以看到它如何漂浮在大地上。浮冰在左侧投下的影子成为一条隔断，分隔了脚下的土地与由混凝土幻化出的上一个冰河时代，仿佛时间在梦中溯流而上。人行天桥一直延伸到水中央，邀请人们发现脚下的海洋生态系统，如果天桥仅是站在岸边，水面的反光会阻挡所有视线。

彩图 18　彩色照片 © 米歇尔·柯南

让时光倒流的人行天桥。

这些守卫人行天桥的石块不动声色地昭示着保护自然的原则：我们不践踏野生植物，我们保持尊重。在这里，隔断就是一定的空间。从一个天桥到另一个，游览者越爬越高，然后在某个时刻，从当下的现实走向了过去或未来的理想自然。每个人对此都有自己的理解。

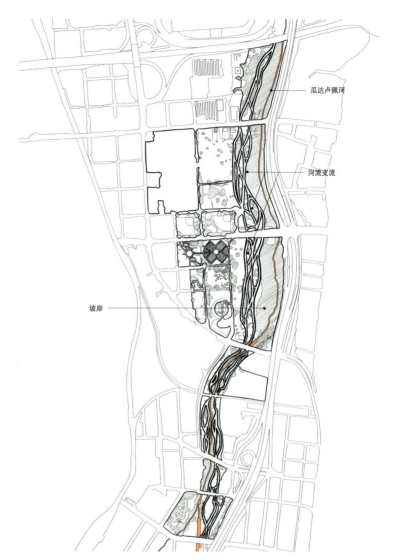

瓜达卢佩河

河流支流

坡岸

彩图 19 平面图 © 埃里克·达尼埃尔 – 拉孔布团队根据乔治·哈格里夫斯的项目绘制

位于加利福尼亚州圣何塞市的瓜达卢佩河公园及其相关规划。

河流规划旨在通过增加河水流经的支流数量使河水漫过河岸，并借助陡峭的河岸减缓洪水泛滥期间的水流流速。

彩图 20 ⓒ 米歇尔·柯南

隔断的侧视图和里士满的百斯特商店入口。

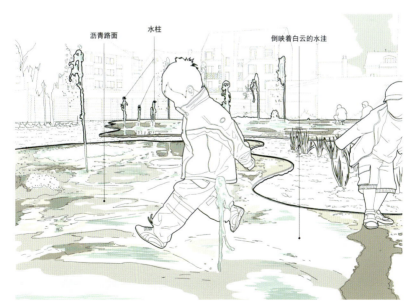

沥青路面　　水柱　　　　　　　　倒映着白云的水洼

彩图 21　平面图ⓒ埃里克·达尼埃尔－拉孔布团队根据乔治·哈格里夫斯的项目绘制

丹麦诺勒松比的水与光花园。

两个孩子在沥青路面上玩耍，跳过水坑中喷起的水柱。在靠近港口的众多建筑物之间，公共花园里的水洼倒映着天空中的云彩。

彩图 22　透视图 © 埃里克・达尼埃尔－拉孔布团队根据戴安娜・巴尔莫里的项目绘制

蓄水池上方的拟开发项目。

为了让霍博肯的居民熟悉气候灾害，巴尔莫里建议在蓄水池上方修建步道和娱乐区。

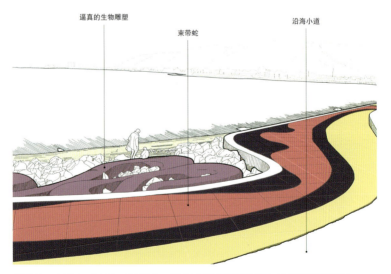

彩图 23　透视图 © 埃里克・达尼埃尔－拉孔布团队根据派翠西亚・约翰森的项目绘制

旧金山湾烛台点公园的生态步道项目局部图。

隐藏着地下水道的沿海小道形似一种濒危物种，即旧金山束带蛇。其他蜷缩在沿路小湾里逼真的蠕虫雕塑，象征着生活在海湾庇护下的丰富多样的生物物种，吸引着游人好奇的目光。

括一个废水池、一个泵站和一条地下输水管道。项目选址在繁华的哈尼路（Harney Way）和海湾之间的狭长地带，距海湾仅几米距离。约翰森建议在引水渠上修建一条步行道，沿海岸线直通向烛台点公园，并以这条步行道为依托，以海湾中一种濒危蛇类即旧金山束带蛇（*Thamnophis sirtalis tetrataenia*）的外形为参考，打造一件线性艺术作品（彩图 23）。她的项目没有任何装饰目的，显眼的外形只是为了吸引人们注意哈尼路以西无序的工业城市世界与海湾自然世界之间的隔断，她希望赋予海湾新的生命。这当然是一条将城市与烛台点公园连接起来的沿海小道，但在步行的过程中，人类、遥远的海岸线景观，以及生活在景观草地、沙岸岩石或沿途泥滩上的生物物种之间的其他联系也会显现出来。实际上，整个项目也包括为各种常见鸟类、昆虫、鱼类、螃蟹和贝类，以及其他濒危物种设计栖息地，比如，为蜻蜓蝶（le papillon libellule）修复草地，或者关注在贻贝和藤壶中发现的不成形的细卷曲纽虫（le ver *Emplectonema gracile*）。生物世界有如此多不同的尺度可供游客欣赏，他们可以花时间停下来，离开小路，观察大自然展现在眼前的一切。这里有通往泥潭、沙岸或草地的通道，让游客踏上陌生的旅程，在旅途中与非人类物种相遇，发现海湾中的生命痕迹，即使这种痕迹有时微若尘埃。

很显然，如果没有海湾区众多环保人士的合作，没有与负责项目技术部分的工程师、旧金山艺术委员会和其他协会的协商，这个项目就不可能完成。另一方面，令人遗憾的是，负责维护绿地的市政人员没有参与其中。毫无疑问，他们本可以避免在蜻蜓蝶草地上喷洒杀虫剂！要说服任何领域的专家，将他们的部分预算用于为非人类物种提供适合的栖息地，都不是一件容易的事。但是，在这个项目中，人们强烈地意识到与自然亲密接触的重要性，这种意识战胜了一切迟疑。在这里，选择情境的多重性意味着，不仅是项目参与者，就连后来的参观者也可以保持开放的心态，在想象中对自然进行探索。

类比、凝练和形式创造

上述例子表明，设计中所采用的原则与融入当地文化的效果之间的关系，在每种情况下都是独一无二的。因此，在九种不同情况下所采用的原则，需要因情况而异。这就是为什么必须准确地考虑，在这九种情况下，每种情况分别适用哪些原则，而不是将九种情况本身作为创造性评估或设计的出发点。这种表面上的便捷有可能会造成混乱，反而浪费了时间。我们还可以发现，这些原则其实是相辅相成的，试图通过分析来区分某一种设计原则的具体结果或某一种融入当地文化原则的原因是毫无意义的。事实上，建筑设计很大一部分就在于将各种意图凝练为独创的形式。最后需要强调的是，这些设计原则并不指向某种特定形式，甚至也不意味着可与古典建筑的比例系统或柯布西耶的模数系统（Modulor）相媲美的确切外形特性。例如，对立设计、隔断或变形既不是形式，甚至也不是方案，而是具有不同语义特性的形式类比原则。要学习一种建筑文化，就必须发展一种归纳式思维方法，以项目或成果为起点，从中提取类比方案而非实例。我选择将重点放在那些试图为文化运动作出贡献的建筑项目上，就最近而言,则倾向于那些通过关注生物健康来激发当地居民想象力的项目。在这些项目中,建筑似乎并不是文化变革的原因。相反,建筑在以下四种因素的基础上起到了催化剂的作用:

1) 建筑师处于不断变化的环境中;
2) 建筑师应该将注意力扩展到场地和人类世界的范围之外;
3) 从居住与选址、避难与逃生之间的辩证关系出发思考当地的特殊性;
4) 建筑师能够创造出对未来居民表达关爱以及激发他们想象力的符号。

根据本书提出的理论观点,我认为这四种因素是在建筑实践中非常重要的方面,应该始终予以考虑。不过,每个项目都在运用其中一些原则时,将另一些搁置一边。这些原则的应用没有机械规则可循。

自我批评

由此可见,建筑设计的自由空间明显受制于参与设计过程的其他各方所表达的诉求或期望,即前两大因素。出于这些考虑,社会学家亨利·雷蒙(Henri Raymond)几年前曾说,建筑项目不可避免地是一个好主意失败的标志。[①] 我完全不同意这种观点。最初的构想从来都不是最好的,如果它违背了可能的物质条件,那这就是一个坏主意。另一方面,事实上,构想是一个

---

① 从这一观点中我们可以看出,为雷蒙提供信息的建筑师所遵循的是以美术学院课程为基础的"党派"理论的复兴。

项目的起点而非终点。建筑师应该以批判性的眼光来解读这个新项目。从这个角度看，逐一研究本书提出的 25 项原则，可以为阅读和反思建筑项目提供一个框架。众所周知，在就一个项目进行了数周的协商后，要想与自己所捍卫的理念和所提出的形式保持距离是非常困难的。这往往会导致建筑师采取僵化的立场，冒着疏远某些合作伙伴的风险，或者相反，遵循自己并不认可的项目。这些原则共同构成了一个分析框架，允许从不同的角度、用全新的眼光去审视项目，从而产生新的想法。如果设计的呈现在某些地方出现了纰漏，与其为旧的论点辩护，不如将设计推向新的方向，这样会显得更富创造力。

总　结
建筑的临床教学

对于地球上的所有居民来说,促进生物健康,使其成为一种公共或共同福祉(这将由公民来决定!)是人类生存的当务之急。本书所介绍的建筑实践理论无疑使建筑师能够与其他实践一道作出重大贡献。例如,努力减少所使用建筑材料和技术的碳足迹,减少能源和水消耗,从而减少各种形式的污染,对生物健康产生积极影响。所有这些做法都与本书提出的理论相吻合,因为它们都属于创造性评估以及庇护与逃生之间的辩证关系的领域。然而,应该同时考虑到,这些做法也可能会引发一些本书未能预见到的问题,并导致对该理论的批判性反思和修订。从更广泛的层面上讲,如果希望这一理论对生物健康作出有益的贡献,那么就必须接受修正。事实上,我们并不知道气候变化和自然资源的过度开发,在未来几年甚至更长的时间里,会对地球上的生物造成怎样的影响。我们也不知道,在国家之间、地区之间以及每个地方内部,人员行为的差异会产生怎样的影响。冷战期间,北极浮冰下的原子潜艇对世界和苏格兰造成了核威胁,而伊恩·汉密尔顿·芬利(Ian Hamilton Finlay)①的同胞们对此却表现出冷漠的态度,这让他感到非常恼火。他呼吁人们反思灾难发生后应该采取的行动。

还有其他事值得我们担心。我们不知道如果所有冰川融化,如果珊瑚礁死亡,如果沿途传播冷暖的洋流改变了流向,如果人类人口开始减少而我们的经济却建立在人口增长的基础上,我们应该怎么办。我们不知道我们的文明和居住方式将如何演变。我们只知道三件事:我们与自然的关系必须改变;人类对非人类的集体态度必须朝着更加和谐、更加尊重各种生命形式的方向发展;而建筑师必须不断调整他们的实践策略,以适应这些动荡,并与景观师、设计师、城市规划师、生态学家、伦理学家等携手合作。建筑师是这场运动的一部分,并且这场运动超越了建筑的范畴,是一场在生物世界进行多方面临床思考的运动。

现在,我必须概述每位建筑师如何通过更新我所描述的这些建筑实践来为这一场临床教学作出贡献,并最后提出这些新实践的融合问题。请允许我直截了当地说,我不会遵循芬利所描绘的道路。事实上,我们需要做的是避免灾难,而不是为灾难做准备或适应灾难。这就需要对人类社会进行深入动员:国家、机构、经济团体甚至教会都受到相互冲突的利益驱使。因此,建立关爱自然的全球伦理取决于人类的根本转变。这并不像看上去那么遥不可及。自 20 世纪 60 年代末以来,全世界在日常生

———————

① 伊恩·汉密尔顿·芬利(1925—2006),苏格兰诗人和景观设计师。

活文化、音乐、服饰以及人与人之间的交流形式上都发生了深刻的变化。瑞典环保少女格蕾塔·通贝里引发的青年运动表明，下一代人将在国际范围内更加关注这一问题。我们的生活方式可能发生重大变化，并且会产生长期影响。这就是本文所提出理论的基本要旨。为了使这一理论随着时间推移不断调整，必须使它不断应对三个方面的现实挑战：气候和自然对人类生活的改变；能够激励其他设计者的构想；最后尤为重要的是，居民对已实施项目的反应。对当地自然变化历史的持续关注有助于我们对第一个方面保持警惕。如果与某些利益相关者在连续开展的项目过程中，反复出现障碍或误解，会促使我们思考与这些利益相关者新的合作实践方式。在这两种情况下，批判性反思都是在设计过程中进行的，或者至少是基于设计过程中的观察。第三点则与上述情况有所不同。事实上，居民的体验反馈并不会自发地引起建筑师的注意。这使他们对其作品的社会或文化后果的思考陷入了先验的理想主义。然而，没有什么能阻止他们在项目结束后的两年、五年或十年后再回到那里去，与居住在那里的人交流，并且我坚信，他们还需要与这些居民生活之外的人交流，因为他们是特别的见证人。通过这种方式，建筑师可以了解这些居民的生活是如何展开的，他们的生活如何随着时间的推移发生变化，他们是如何改变自己的生活空间和条件的，当然，还有他们与自然的关系有怎样的改变。历史并不能决定未来，但它确实能让我们思考，现在或在不久的将来我们应该如何行动，并鼓励我们超越旧有的实践方式。

然而，这种个人对新的实践方式的学习确实带来了一个问题:如何构建一种集体的建筑文化。五花八门的新实践如何才能形成共同的态度?几十年来,一种以生物健康为基础的文化已经在各大洲建立并传播开来。这种文化得到了来自不同背景的人群的支持,他们通过协会网络(其中大部分是非营利性的),以一种非正式的方式通力合作。他们的行动对主流机构和经济世界产生了影响,即有时会强化其作用,有时则会限制其影响力。因此,建筑师正是在这种分散的、轮廓不断变化的文化环境中讨论和传播新的专业实践。这种环境在很大程度上受到科学讨论和工程项目(应用科学)或政治和法律讨论的挑战。建筑师和其他艺术家对新的、形象的和多义的思维方式的贡献,有助于动员那些不太熟悉严格的逻辑思维形式,但却对日常生活中的实际和象征性变革充满热情的居民。与所有其他艺术形式一样,建筑也是一项精神运动,20世纪的建筑师们只能像长跑运动员一样孤独地奔跑,但21世纪的建筑师们则将建筑学变成了一项团队运动,一次男女之间、自愿和忠诚的参与者之间团结一致、令人振奋的恢复生物健康的实践。

参考资料

著作与论文

克里斯多弗·亚历山大（Alexander, Christopher），莎拉·石川（Ishikawa, Sara），默里·西尔弗斯坦（Silverstein, Murray），《建筑模式语言》（*A pattern language*：*Towns, building, construction* [Center for Environmental Structure]），New York：Oxford University Press，1977 年。

菲利普·布东（Boudon, Philippe），《论建筑空间：建筑认识论文集》（*Sur l'espace architectural*：*essai d'épistémologie de l'architecture*），Paris：Dunod, coll. «Aspects de l'urbanisme»，1971 年。

雷米·巴特勒（Butler, Remy），《对建筑问题的思考》（*Réflexion sur la question architecturale*），Paris：Belles Lettres, coll. «Essais»，2015 年。

乔治·冈圭朗（Canguilhem, Georges），《论常态与病态的几个问题》（*Essai sur quelques problèmes concernant le normal et le pathologique*），Paris：Belles Lettres，1950 年。

多人合著（Collectif），《三维建筑师阿兰·萨尔法蒂》（*Alain Sarfati, un architecte en trois dimensions*），Paris：Éditions du Layeur，1998 年。

让-路易·奥古斯特·康默森（Commerson, Jean Louis Auguste），《一个包装工人的思想：遵循拉罗什富科的格言》（*Pensées d'un emballeur, pour faire suite aux Maximes de La Rochefoucauld*），Martinon，1851 年。

米歇尔·柯南（Conan, Michel），《建设性评估：理论、原则和方法》（*L'évaluation constructive：théorie, principes et éléments de méthode*），La Tour-d'Aigues：Éditions de l'Aube，1998 年。

米歇尔·柯南（Conan, Michel），《房屋的建造》（*L'invention des lieux*），Saint Maximin：Théétète éditions, coll. «Des dieux et des espaces»，1997 年。

米歇尔·柯南（Conan, Michel），《贝尔纳·拉絮斯的景观言说方式》（*The Crazannes quarries by Bernard Lassus：An essay analyzing the creation of a landscape*），凯伦·泰勒（Taylor, Karen）译，Washington（D. C.）：Dumbarton Oaks Contemporary Landscape Design Series I，2004 年。

埃里克·达尼埃尔-拉孔布（Daniel-Lacombe, Éric），《工作中的开放性：开放、协商和信任》（*L'ouvert à l'œuvre. De l'ouvert, de la concertation et de la confiance*），Thèse de doctorat，Université Paris-XII，2006 年。

罗伯托·达里恩佐(D'Arienzo，Roberto)，克里斯·尤内斯(Younès，Chris)，《再造城市：为了一种居住环境生态学》(Recycler l'urbain：pour une écologie des milieux habités)，Genève：Métis Presses，coll.《Vues d'ensemble》，2014 年。吉尔·德勒兹(Deleuze，Gilles)，菲利克斯·伽塔利(Guattari，Félix)，《卡夫卡：为弱势文学而作》(Kafka，pour une littérature mineure)，Paris：Minuit，1975 年。

奥迪尔·菲利安(Fillion，Odile)，《弗朗西斯·索勒：克里斯蒂安·布莱格的天使和其他建筑故事》(Francis Soler：les anges de Christians Brygge et autres récits d'architecture)，Paris：Jean-Michel Place，1997 年。

米歇尔·福柯(Foucault，Michel)，《古典时代疯狂史》(Histoire de la folie à l'âge classique)，Paris：Union générale d'éditions，1972 年。

富尔凯·弗朗索瓦(Fourquet，François)，米拉尔·利翁(Murard，Lion)，《权力设施：城市、领土和集体设施》(Les équipements du pouvoir：villes，territoires et équipements collectifs)，Paris：CERFI，coll.《Recherches》，1973 年。

丹尼尔·加德纳(Gardner，Daniel)，朱熹(Chu，Hsi)，《学为智者》(Learning to be a sage)，摘自《朱熹在〈朱子语类〉中关于读书的论述的研究和翻译》(Selections from the Conversations of Master Chu，Arranged topically)，贾德讷(Gardner，Daniel K.)译注，Berkeley：University of California Press，1990 年。

勒内-路易·德·吉拉尔丹德(Girardin, René-Louis de),《论景观德构成》(*De la composition des paysages*), Paris: Champ Vallon,1992 年。

塞西莉亚·亨宁(Henning, Cecilia),马茨·利伯格(Lieberg, Mats),卡琳·帕姆·林登(Lindén, Karin Palm),《社会关怀和地方网络:公共社会服务在郊区新区应用的模型研究》(*Social care and local networks: a study of a model for public social services applied in a new suburban area*),Stockholm: École d'architecture de l'Université de Lund,1991 年。

贝尔纳·拉絮斯(Lassus, Bernard),《景观方法》(*The landscape approach*), Philadelphie: University of Pennsylvania Press,1998 年。

弗朗索瓦·勒孔特·德·比耶夫尔(Leconte de Bièvre, François),《对罗莫朗坦市镇的历史和批评研究》(*Recherches historiques et critiques sur la ville et le comté de Romorantin*),手稿写于 1770 年左右,由于埃·德·弗罗贝维尔(Froberville, Huet de)于 1784 年修订和补充。

费尔南德·莱热(Léger, Fernand),《绘画的功能》(*Fonctions de la peinture*), Paris: Gallimard, coll. «Folio essais», 2004 年。

米歇尔·曼格马丁(Mangematin, Michel),尤内斯·克里斯(Younès, Chris),《建筑师中的哲学家》(*Le philosophe chez l'architecte*), Paris: Descartes et cie, coll. «Les urbanités», 1996 年。

伊恩·麦克哈格(McHarg，Ian)，《设计结合自然》(*Design with nature*)，Garden City（N. Y.），American Museum of Natural History，Natural History Press，1969 年。

阿尔瓦·诺埃(Noë，Alva)，《奇怪的工具、艺术和人性》(*Strange tools，art and human nature*)，New York：Hill and Wang，2015 年。

雅克利娜·帕尔马德(Palmade，Jacqueline)，《居住的象征和意识形态系统》(*Le système symbolique et idéologique de l'habiter*)，Thèse de doctorat，Université Toulouse-Le Mirail，1981 年。

蒂埃里·帕科特(Paquot，Thierry)，《水的地理诗学：向加斯东·巴什拉致敬》(*Géopoétique de l'eau：hommage à Gaston Bachelard*)，Paris：Éditions Eterotopia，coll. «Rhizome»，2016 年。

蒂埃里·帕科特(Paquot，Thierry)，《景观》(*Le paysage*)，Paris：La Découverte，coll. «Repères»，2016 年。

蒂埃里·帕科特(Paquot，Thierry)，《吕西安和西蒙娜·克罗尔：一种居民建筑》(*Lucien et Simone Kroll，une architecture d'habitants*)，Paris：Actes Sud，coll. «Architecture»，2013 年。

蒂埃里·帕科特(Paquot，Thierry)，《乌托邦和乌托邦主义者》(*Utopies et utopistes*)，Paris：La Découverte，coll. «Repères»，2007 年。

让-玛丽·拉平(Rapin，Jean-Marie)，《建筑声学：专业维护和修复手册》，(*L'acoustique du bâtiment：manuel profession-nel d'entretien et de réhabilitation*)，Paris：Eyrolles，coll.
«Blanche BTP»，2017 年。

凯斯汀·萨赫林–安德森(Sahlin-Andersson，Kerstin)，《决策过程的复杂性：实现或阻止重大项目的实施》(*Beslutproces-sens complexitet-At genomföra och hindra stora project* [La complexité du processus de décision])，Thèse de doctorat，Université d'Uppsala，1986 年。

凯斯汀·萨赫林–安德森(Sahlin-Andersson，Kerstin)，《80年代的球形体育场项目》(*Globen-ett 80-talsprojekt* [Le Globe，un projet des années 80])，Stockholm：Uppsala universitet，Företagsekonomiska institutionen Stockholm Metropol，1989 年。

凯斯汀·萨赫林–安德森(Sahlin-Andersson，Kerstin)，《不可思议的战略管理：组织项目的集体探索》(*Oklarhetens strate-gi. Organisering av projektsamarbete* [Conduite stratégique dans l'impensé：organiser l'exploration collective d'un pro-jet])，Lund：Studentlitteratur，1989 年。

贝尔纳多·塞基(Secchi，Bernardo)，保拉·维加诺(Viga-no，Paola)，《多孔城市：大巴黎和后京都大都市项目》(*La ville poreuse：un projet pour le grand Paris et la métropole de l'après-Kyoto*)，Genève：Métis Presses，coll. «Vues Densem-ble»，2012 年。

罗伯特·文丘里(Venturi，Robert)、丹尼斯·斯科特·布朗(Scott Brown，Denise)、史蒂文·伊泽努尔(Izenour，Steven)，《向拉斯维加斯学习：建筑形式被遗忘的象征意义》(*Learning from Las Vegas：The forgotten symbolism of architectural form*)，Cambridge (Mass.)：MIT Press，1972 年。

吴欣(Wu，Xin)，《派翠西亚·约翰森与公共环境艺术的再创造，1958—2010》(*Patricia Johanson and the re-invention of public environmental Art*，1958—2010)，Farnham (G.-B.) et Burlington (Vt.)：Ashgate，2013 年。

吴欣(Wu，Xin)，《派翠西亚·约翰森的房屋与花园：现代性的重建》(*Patricia Johanson's House and Garden Commission：Re-construction of modernity*)，Préface de Stephen Bann，Washington (D. C.)，Dumbarton Oaks Research Library and Collection，2007 年。

灰色文献

法兰西岛大区环境与新能源局 (Agence régionale de l'environnement et des nouvelles énergies Île-de-France)，《管理和构建声音环境：大城市地区的噪音防治》(*Gérer et construire l'environnement sonore：la lutte contre le bruit en grande agglomération*)，Paris：Arene，cahier no 6，1997 年。

卢瓦尔-谢尔省领土管理局(Direction départementale des territoires du Loir-et-Cher，DDT)，《于 2004 年 8 月 11 日部门间法令规定并于 2015 年 10 月 2 日部门间法令批准的索尔德洪水风险预防计划》(*Plan de prévention des risques d'inondation de la*

Sauldre，prescrit par l'arrêté interpréfectoral du 11 août 2004，approuvé par l'arrêté interpréfectoral du 2 octobre 2015）。

贝尔纳·萨利翁（Salignon，Bernard），米里埃尔·佩克·克莱纳（Pekot Kleiner，Muriel），《南锡洛博的社会学监测》（Suivi sociologique de la Rex Lobau à Nancy），CSTB/Plan Construction，s. d. 。

建筑科学与技术中心文件

米歇尔·柯南（Conan，Michel），《自治、团结和融合：加拿大、丹麦、瑞典和美国住房的新视角》（Autonomie，solidarité et insertion：nouvelles perspectives de l'habitat au Canada，au Danemark，en Suède et aux USA），Plan Construction/CSTB. Paris：CSTB，1991 年。

米歇尔·柯南（Conan，Michel）、卡纳·比尔塞尔（Bilsel，Cana）、斯坦·格罗马克（Gromark，Sten）、埃里克·詹特森（Jantzen，Erik），《建筑师：市政当局城市形态重建的参与者》（Les architectes，acteurs du redéveloppement des formes urbaines dans les municipalités），Paris：CSTB-Sciences humaines，1996 年。

米歇尔·柯南（Conan，Michel），埃里克·达尼埃尔-拉孔布（Daniel-Lacombe，Éric），《改进青年工人宿舍建筑项目：项目业主与建筑师之间的对话》（Améliorer un projet d'architecture pour un foyer de jeunes travailleurs，démarche de dialogue entre un maître d'ouvrage et son architecte），Paris：CSTB，

1993。

米歇尔·柯南(Conan，Michel)，埃里克·达尼埃尔-拉孔布(Daniel-Lacombe，Éric)，《通过和解空间对建筑物进行批判性分析》(*Analyse critique des bâtiments par les espaces de transaction*)，Paris：CSTB，1993 年。

米歇尔·柯南(Conan，Michel)，埃里克·达尼埃尔-拉孔布(Daniel-Lacombe，Éric)，《新城学校改造经验》(*L'expérience d'une ville nouvelle au service de l'amélioration des groupes scolaires*)，Paris，Sénart：SAN ville nouvelle de Sénart/CSTB，1995 年。

米歇尔·柯南(Conan，Michel)，埃里克·达尼埃尔-拉孔布(Daniel-Lacombe，Éric)，《青年住房：两个对照项目的比较分析》(*Le logement des jeunes：analyse comparative sur deux projets contrastés*)，Paris：CSTB，1993 年。

米歇尔·柯南(Conan，Michel)，埃里克·达尼埃尔-拉孔布(Daniel-Lacombe，Éric)，《显著的意图，反向的标记》(*Les intentions remarquables，le memento inversé*)，Paris：CSTB，1993 年。

米歇尔·柯南(Conan，Michel)，埃里克·达尼埃尔-拉孔布(Daniel-Lacombe，Éric)，克莱尔·肖特(Schorter，Claire)，《关于青年工人宿舍的居住空间问题和现代化发展意向的说明》(*Mémento des problèmes de l'espace de vie courante et des intentions d'aménagement pour la modernisation des foyers de jeunes travailleurs*)，Paris：CSTB，1992 年。

米歇尔·柯南(Conan, Michel),埃里克·达尼埃尔-拉孔布(Daniel-Lacombe, Éric),克雷格·兹姆林(Zimring, Craig),《大学和大学图书馆规划手册》(*Memento pour l'aménagement des universités et des bibliothèques universitaires*),Paris：CSTB,1992 年。

米歇尔·柯南(Conan, Michel),埃里克·达尼埃尔-拉孔布(Daniel-Lacombe, Éric),克雷格·兹姆林(Zimring, Craig),《大学领域的现代化：管理规划和评估空间的问题与方法》(*Modernisation du domaine universitaire : problèmes et méthodes de gestion de l'espace de programmation et d'évaluation*),Paris：CSTB,1992 年。

米歇尔·柯南(Conan, Michel),埃里克·达尼埃尔-拉孔布(Daniel-Lacombe, Éric),克雷格·兹姆林(Zimring, Craig),《关于大学建筑规划的最终报告》(*Rapport final sur la programmation d'un bâtiment universitaire*),Paris：Ministère des Universités/CSTB,1993 年。

米歇尔·柯南(Conan, Michel),贝尔纳·萨利翁(Salignon, Bernard),《构成差异：南锡洛博大道上的住房》(*Composer les différences : les logements du boulevard Lobau à Nancy*),Plan Construction,Paris：Ministère de l'Équipement,1987 年。

缩略语列表

ABF:法国建筑师协会

ADN:脱氧核糖核酸(DNA)

ASF:法国南部公路公司

ATSEM:幼儿园区域专业代理办公室

BCDC:旧金山海湾保护与发展委员会

CCR:中央保险公司

CDC:疾病控制和预防中心

CEPRI:欧洲洪水风险预防中心

CNIT:新兴产业与技术中心

CSTB:建筑科学与技术中心

DDE:设备局

DDT:省领土管理局

DDTM:省陆地和海洋管理局

DGPR:风险预防总局

DPPR:污染与风险预防总局

DREAL：环境、规划及住房区域局

FJT：青年工人公寓联盟

HLM：廉租房

OMA：大都会建筑事务所

ONF：国家森林局

PPRI：索尔德河洪水风险预防计划

PUCA：城市建设建筑规划

RER：区域快铁

SAN：新城镇协会

SNCF：法国国营铁路公司

SOGREAH：格勒诺布尔水力研究与应用协会

SONACOTRA：全国工人住房建筑公司

UFJT：青年工人公寓联盟

UNESCO：联合国教科文组织

ZAC：协调发展区

ZUP：优先城市化区

图书在版编目（CIP）数据

安居生活与现代建筑/（法）埃里克·达尼埃尔-拉孔布著；
杨菁菁译. --上海：华东师范大学出版社，2025.

--ISBN 978-7-5760-5913-7

Ⅰ．TU2

中国国家版本馆 CIP 数据核字第 20257P1K25 号

上海市版权局著作权合同登记 图字：09 - 2024 - 0170 号

安居生活与现代建筑

著　　者　（法）埃里克·达尼埃尔-拉孔布
译　　者　杨菁菁
策划编辑　王　焰
责任编辑　卢　荻
责任校对　高建红
封面设计　刘怡霖

出版发行　华东师范大学出版社
社　　址　上海市中山北路 3663 号　邮编　200062
网　　址　www. ecnupress. com. cn
电　　话　021 - 60821666　行政传真　021 - 62572105
客服电话　021 - 62865537
门市(邮购)电话　021 - 62869887
地　　址　上海市中山北路 3663 号华东师范大学校内先锋路口
网　　店　http://hdsdcbs. tmall. com

印 刷 者　上海景条印刷有限公司
开　　本　787 ×1092　1/32
印　　张　6.25
字　　数　90 千字
版　　次　2025 年 5 月第 1 版
印　　次　2025 年 5 月第 1 次
书　　号　ISBN 978-7-5760-5913-7
定　　价　89.00 元

出 版 人　王　焰